CAMBIO CLIMÁTICO

Ángel Luis León Panal
Fernando Martín Cobos
Ana Martínez López

LIBSA

© 2021, Editorial LIBSA
C/ Puerto de Navacerrada, 88
28935 Móstoles (Madrid)
Tel.: (34) 91 657 25 80
e-mail: libsa@libsa.es
www.libsa.es

Ilustración: Archivo LIBSA, Shutterstock images
Textos: Ángel Luis León Panal, Fernando Martín
Cobos y Ana Martínez López
Maquetación: Equipo editorial LIBSA

ISBN: 978-84-662-4003-1

DL: M 14467-2021

CONTENIDO

INTRODUCCIÓN
LA IMPORTANCIA DE UN NOMBRE

A veces los términos científicos y los cotidianos se entremezclan y no tenemos claro cuál es más correcto. Este fenómeno ha ocurrido también con los términos relacionados con el cambio de temperatura en la Tierra: cambio o calentamiento global, cambio climático, emergencia o crisis climática… Distinguirlos puede resultar difícil, pero en realidad cada nombre tiene su explicación y uso concreto.

Hace ya muchas décadas que estamos percibiendo un cambio en la temperatura global de la Tierra. Estas modificaciones en el clima podían pasar inadvertidas si las comparabas con los datos de siglos anteriores, pero los resultados de múltiples investigaciones concluyeron que las actividades humanas estaban causando una modificación del clima sin precedentes. No fue hasta 1975 cuando se determinó que la temperatura de la Tierra estaba aumentando a causa de las emisiones humanas de gases de efecto invernadero y cuando se acuñó el término «calentamiento global» a este fenómeno que afectaba a todo el planeta por igual.

Así comenzó la comunidad científica a nombrar este fenómeno sin precedentes, hasta que observaron que sus efectos no solo afectaban a la temperatura. Pocos años más tarde, surgió otro término científico también muy conocido y utilizado: el cambio climático. En este caso, se habla de un cambio a largo plazo en el clima en general; es decir, tanto el calentamiento global de la Tierra como los efectos secundarios de este, por ejemplo, glaciares que se derriten o tormentas y sequías más frecuentes. En este caso, el término es más genérico, ya que incluye el problema principal y sus diferentes derivaciones. Sin embargo, el uso de «cambio climático» seguía sin convencer del todo y podía llevar a confusión, ya que, como su propio nombre indica, parecía afectar solo a un cambio en el clima sin pensar en las consecuencias o efectos secundarios que conlleva.

Fue a finales de los años 80 cuando entró otro término en el léxico científico: el cambio global. Gracias a este término, podemos hablar del cambio de temperatura terrestre a la par que de cambios en el clima y en el medio. A pesar de que es el más completo, nunca ganó la suficiente fuerza en los medios de comunicación ni en la literatura científica como para que su uso se hiciera más cotidiano. Este cambio de términos para describir diferentes aspectos del mismo fenómeno no es más que la muestra clara de cómo la investigación y la sociedad van progresando en la comprensión de un problema y sus consecuencias.

El impacto social del cambio climático es innegable y por ello ha habido un gran cambio de la percepción de este fenómeno, así como en el uso de los términos mencionados anteriormente. Una vez la sociedad comenzó a ser consciente de las consecuencias de sus actos cotidianos, de su día a día, empezó también a reclamar acciones políticas y económicas a través de movimientos sociales y ecologistas, dando lugar a la conocida fase de «crisis climática».

Este nuevo término introducido por la sociedad determina que estamos ante una gran dificultad sobre la que se deben tomar acciones a largo plazo. Es un cambio en el paradigma que necesita ser tratado de manera gradual y producir una transición hasta otro modelo mejor. Como las acciones no han sido aplicadas, son escasas o parecen irrelevantes, hemos pasado a hablar de «emergencia climática», término abanderado del activismo ecologista que reclama una situación sobre la que reaccionar al momento y con cambios inmediatos. Sin embargo, al hablar de «emergencia» climática podemos exponer a la sociedad a una sensación de bloqueo, generando una parálisis ante la indecisión de qué hacer o qué medidas tomar.

En cualquier caso, más allá de la terminología, se trata de un problema global que afecta a todos los niveles y personas sobre el que hay que actuar y responder de una manera unificada entre la sociedad, la comunidad científica, el ámbito político y el económico.

¿QUÉ ES EL CLIMA?

El clima ha sufrido modificaciones en su interpretación a lo largo de los años, pero todas las definiciones tienen una serie de elementos en común que se resumen en la siguiente: es el resultado de la interacción entre una serie de elementos meteorológicos y atmosféricos promedio que, observados durante un periodo largo de tiempo, otorgan a una zona una serie de características propias e individuales.

El clima mediterráneo presenta características propias y distintivas de su zona, al igual que cada uno de los otros ocho climas que se han descrito en el planeta. En la imagen, costa de Sorrento (Italia), típico clima mediterráneo.

Existen varios puntos que conviene destacar y que conforman esta definición. El primero de ellos es el carácter integrador de elementos distintos, tanto de factores atmosféricos como meteorológicos, ya que supone que es un concepto sujeto a cambios ante las posibles variaciones en las condiciones que lo conforman, aunando conceptos físicos, químicos e incluso biológicos (por las condiciones de los ecosistemas presentes en cada tipo de clima).

En segundo lugar, cabe destacar el concepto de resultados promedio, es decir, no se trata de una definición basada en anomalías o fenómenos puntuales, sino en la ponderación de las condiciones que se dan en una zona concreta, que son las que establecen las condiciones medias o estándar que nos permiten definir el clima de una región del planeta que comparte características comunes a pesar de que puedan existir pequeñas variaciones locales.

El tercer punto a destacar es el horizonte temporal de estudio. Al tratarse de un análisis de datos promedio,

supone la ponderación de numerosas referencias puntuales recopiladas, por lo que tiene que tener asociado un periodo de tiempo lo suficientemente amplio que permita obtener unos datos medios significativos y realizar un seguimiento de su evolución. No existe un consenso universal sobre el tiempo de estudio, pero la media es en torno a los 30 años como mínimo.

Por fin, cuando hablamos de características propias e individuales, no nos referimos a las que se corresponden con una zona geográfica concreta y específica (como una ciudad), sino a una zona del planeta que comparte las suficientes características y condiciones medias que las distinguen de otras zonas de la tierra que tienen sus propias condiciones comunes.

TIPOS DE CLIMA

Existen tres grandes categorías climáticas que incorporan una serie de subcategorías dentro de las mismas. Estas categorías se establecen sobre todo con base en sus temperaturas medias, distinguiendo entre climas fríos, templados y cálidos.

CLIMAS CÁLIDOS

- **Clima ecuatorial:** se da en torno a la línea del ecuador y se caracteriza por unas temperaturas anuales que se mantienen en torno a los 20 °C de media y unas precipitaciones abundantes a lo largo del todo el año que mantienen una humedad elevada.

- **Clima tropical:** de carácter similar al anterior, se extiende de las zonas colindantes al ecuador hasta los trópicos (Cáncer y Capricornio), la principal diferencia es que las precipitaciones tienen un carácter más estacional, concentrándose en los meses de verano. También se suele hablar de clima subtropical árido en zonas que tienen variaciones de temperatura y precipitaciones significativas, pero que mantienen temperaturas medias anuales que se corresponden con los climas cálidos.

- **Clima desértico:** combina temperaturas muy elevadas durante el día con fuertes bajadas de las temperaturas en las horas nocturnas. Existe una categoría más considerada de clima semidesértico, que se corresponde con las zonas como las estepas, donde se da una mayor presencia de vegetación y más humedad que en los desiertos.

CLIMAS TEMPLADOS

- **Clima mediterráneo:** se caracteriza por veranos secos y calurosos junto con inviernos fríos y lluviosos, estando las estaciones intermedias más sujetas a variación.

- **Clima chino y subtropical:** combina ciclones tropicales en los meses de verano con inviernos muy fríos y lluviosos.

- **Clima oceánico:** se da en zonas costeras, por lo que el régimen de humedad y precipitaciones es elevado, aunque el efecto del mar suaviza las temperaturas evitando variaciones extremas de temperaturas en los meses de invierno y verano.

- **Clima continental:** tiene fuertes diferencias entre los meses de verano y los de invierno, ya que, al estar en zonas de interior alejadas del océano, no se produce el efecto amortiguador de este.

CLIMAS FRÍOS

- **Clima polar:** aparece tanto en el polo sur como en el polo norte. Las temperaturas son muy bajas durante todo el año y la presencia de vegetación es nula por la congelación del suelo.

- **Clima de alta montaña:** las montañas tienen unas características propias, ya que a medida que aumenta la altura de las mismas, la presencia de vegetación se va reduciendo y disminuyen las temperaturas. También son normales las precipitaciones abundantes.

MAPA DE LAS ZONAS CLIMÁTICAS

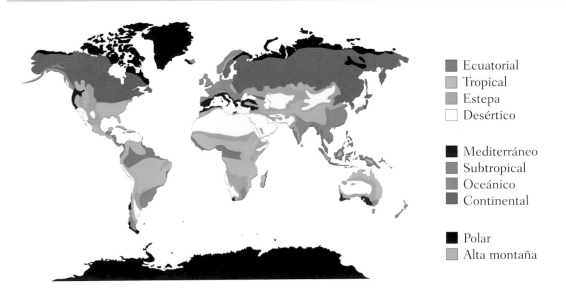

Ecuatorial
Tropical
Estepa
Desértico

Mediterráneo
Subtropical
Oceánico
Continental

Polar
Alta montaña

EL CICLO DEL CARBONO

El carbono es uno de los elementos químicos más abundantes en el universo y puede encontrarse en distintos estados de la materia (principalmente en formas de gas o sólido), pero su relevancia reside en el hecho de que se trata de uno de los elementos que están presentes en todos los seres vivos e intervienen de manera decisiva en los procesos biológicos, por lo que podemos afirmar que es imprescindible para la vida, además de estar implicado en procesos de ámbito geológico.

El carbono es un nutriente esencial para los organismos vivos, por lo que, como el resto de los nutrientes que existen, también está sometido a ciclos que regulan tanto su presencia como su abundancia en el medio natural. En el caso del carbono, podemos distinguir entre dos ciclos diferenciados según su origen: un ciclo biológico y un ciclo geológico.

EL CICLO BIOLÓGICO DEL CARBONO

Es un proceso de carácter rápido, que está ligado al funcionamiento de las cadenas tróficas. La entrada del carbono en el ciclo se debe a los organismos autótrofos, capaces de captar el carbono en estado gaseoso que se encuentra presente en las moléculas de CO_2 y que incorporan en sus procesos nutricionales con el fin de obtener energía. La mayor parte de los organismos encargados de estos procesos tienen también la capacidad fotosintética, ya sea tanto dentro del medio marino como dentro del terrestre (nos referimos a plantas, árboles, algas y fitoplancton).

Para que se produzca el retorno de este carbono al ciclo son, sin embargo, muy necesarios los organismos heterótrofos. Estos últimos se alimentan de los organismos autótrofos o de otros heterótrofos, facilitando así el intercambio de carbono entre organismos. Los organismos heterótrofos liberan moléculas de CO_2 como consecuencia del proceso de su respiración celular, mediante el cual se libera la energía almacenada en moléculas, como los azúcares.

Por otra parte, en cuanto al carbono que queda almacenado en los tejidos de los organismos vivos, también puede volver a incorporarse al ciclo gracias al papel de los organismos descomponedores (hongos y bacterias).

EL CICLO GEOLÓGICO DEL CARBONO

Sucede a una escala temporal totalmente distinta, en la que los procesos duran millones de años. Esto se debe a que el carbono puede quedarse «inmovilizado» en la atmósfera, en las grandes ma-

ESQUEMA DEL CICLO DEL CARBONO

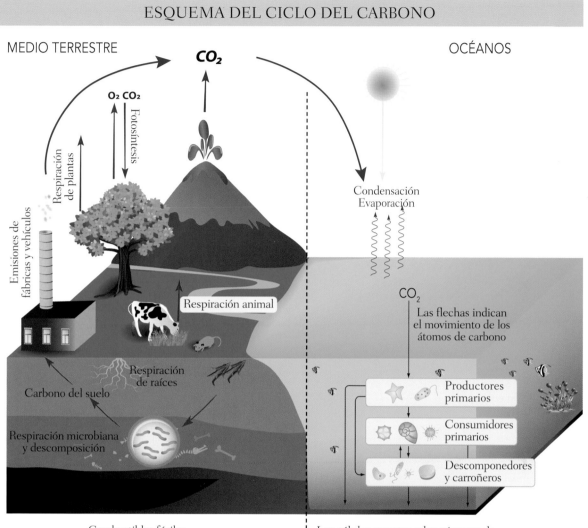

MEDIO TERRESTRE

CO_2

OCÉANOS

O_2 CO_2

Fotosíntesis

Respiración de plantas

Emisiones de fábricas y vehículos

Condensación
Evaporación

Respiración animal

CO_2
Las flechas indican el movimiento de los átomos de carbono

Respiración de raíces

Carbono del suelo

Respiración microbiana y descomposición

Productores primarios

Consumidores primarios

Descomponedores y carroñeros

Combustibles fósiles

Las células muertas y las cáscaras de $CaCO_3$ se acumulan en el fondo.

sas acuosas (océanos) o como parte de la corteza terrestre en rocas y sedimentos.

En el caso de los océanos, el CO_2 se descompone al entrar en reacción con el agua, formando carbonatos CO_3^{2-} que a su vez reaccionan con iones presentes en el agua como el calcio, para crear carbonato cálcico $CaCO_3$, que forma parte de las conchas de los organismos acuáticos. Al morir estos organismos, los restos de sus conchas se depositan en los fondos oceánicos, donde, por un proceso de sedimentación, se convierten en rocas calizas (este es el motivo por el que en muchas construcciones que emplean roca caliza se aprecian restos de conchas).

En el caso del medio terrestre, podemos encontrar en el suelo el carbono procedente de la descomposición de la materia orgánica y también de la meteorización de rocas y minerales, así como la acumulación en el subsuelo de combustibles fósiles (carbón, petróleo y gas natural), que se generan cuando el proceso de descomposición de la materia orgánica se da en condiciones de anoxia (sin presencia de oxígeno).

Cabe destacar que existe un proceso mediante el cual el ciclo geológico del carbono sufre una variación brusca, y es cuando se produce una erupción volcánica, que provoca la liberación de una gran cantidad de CO_2 a la atmósfera.

LOS SUMIDEROS DE CARBONO

Ante el aumento sin precedentes de las emisiones de CO_2 como efecto de la acción del ser humano (*véase* Combustibles fósiles y emisiones de CO_2, pág. 20) los mecanismos de retirada de carbono de la atmósfera cobran una especial importancia como aliados imprescindibles contra el cambio climático y la emergencia climática. En particular aquellos denominados «sumideros de carbono».

Son ecosistemas o sistemas naturales que tienen una capacidad especialmente elevada de retirar el carbono procedente de la atmósfera, ya sea para incluirlo en sus ciclos biológicos, como las cadenas tróficas, o quedando inmovilizado y retenido en procesos de mayor duración temporal, como el ciclo geológico del carbono. El principal de estos sumideros son los océanos, tanto por su capacidad de retirada del CO_2 de la atmósfera como por su enorme extensión (el 70% de la superficie terrestre). Acumula numerosas especies con capacidad fotosintética, como algas o fitoplancton de carácter autótrofo y, además, genera una captura de carbono relacionada con el ciclo de los carbonatos, lo que significa que está asociada al ciclo geológico del carbono, que, al ser de una duración temporal de millones de años, no solo mantiene una constante retirada de CO_2, sino que lo inmoviliza sin que se produzca un retorno rápido del mismo a la atmósfera.

Este mecanismo ha sido uno de los principales métodos de regulación de la concentración de CO_2, pero está comenzando a verse afectado (*véase* ¿Por qué se acidifican los océanos?, pág. 52).

Los bosques son sistemas naturales con una elevada concentración de masa arbórea, es decir, árbo-

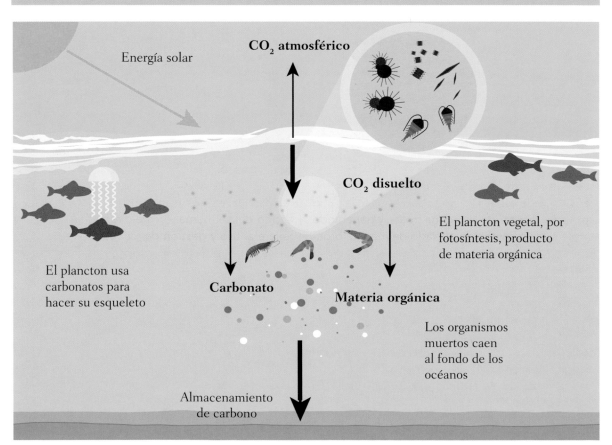

SUMIDEROS DE CARBONO EN LOS OCÉANOS

Energía solar

CO_2 atmosférico

CO_2 disuelto

El plancton vegetal, por fotosíntesis, producto de materia orgánica

El plancton usa carbonatos para hacer su esqueleto

Carbonato

Materia orgánica

Los organismos muertos caen al fondo de los océanos

Almacenamiento de carbono

LOS HUMEDALES

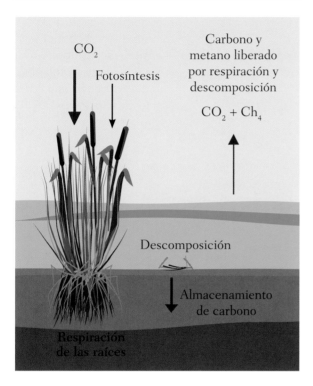

CO_2

Fotosíntesis

Carbono y metano liberado por respiración y descomposición

$CO_2 + Ch_4$

Descomposición

Almacenamiento de carbono

Respiración de las raíces

les que pueden ser de distinto porte y que suelen llevar asociadas numerosas especies de matorral y herbáceas, lo que implica una gran concentración en la misma zona de organismos autótrofos fotosintéticos, con la capacidad de retirar CO_2 de la atmósfera para la obtención de energía y el desarrollo de su actividad vital. Cuanto mayor es la concentración de especies vegetales, mejor es la salud del suelo, facilitando la cadena trófica y generando suelos con un contenido elevado de materia orgánica. Los bosques son imprescindibles para la vida, ya que son uno de los pulmones del planeta.

Los humedales y marismas son unos ecosistemas que tienen un enorme potencial como sumideros de carbono. Esto se debe a la acumulación de zonas húmedas y con mucha presencia de materia orgánica, lo que facilita la descomposición de esta materia orgánica y la introducción del carbono en su ciclo geológico al quedar acumulado bajo capas de sedimentos con poca o nula presencia de oxígeno, sumado a la concentración de masa vegetal y zonas

húmedas con capacidad de captar CO_2. Si bien en este grupo pueden incluirse marismas, manglares, arrecifes de coral y otros, es especialmente llamativo el papel de las turberas (humedales de carácter ácido). Las turberas representan apenas un 3% de la superficie total del planeta y, sin embargo, almacenan un 30% del carbono global.

LA INCIDENCIA DEL SER HUMANO EN EL CICLO DEL CARBONO

La actividad humana puede provocar alteraciones en el ciclo del carbono, ya sea en su ciclo biológico o geológico. En el primero de los casos se debe a la reducción del número de organismos que intervienen en el mismo, ya que, a consecuencia de la deforestación o la contaminación, desaparecen un gran número de organismos autótrofos.

En el caso del ciclo geológico hay dos principales impactos provocados por el ser humano, en primer lugar, la pérdida y degradación del suelo, que afecta a los procesos de sedimentación; y, en segundo lugar, el uso y quema de combustibles fósiles, que supone la liberación a la atmósfera de toneladas de CO_2 que se encontraban inmovilizadas. Además, son recursos que tardan millones de años en generarse, en contraposición al ritmo que se consumen.

En el caso de los sumideros de carbono, se trata de ecosistemas especialmente vulnerables a la acción del ser humano y, en muchos casos, amenazados por ella, a consecuencia de la contaminación, la deforestación y un mal uso y gestión de los recursos (como la construcción en zonas vulnerables). Sin embargo, no podemos olvidar que la acción del ser humano es bidireccional cuando se refiere al uso y gestión de los recursos naturales y que medidas de conservación de los ecosistemas, planes de reforestación y medidas contra la contaminación buscan paliar o incluso revertir los efectos nocivos de actividades pasadas. Además, no se puede olvidar la influencia de la investigación y desarrollo de nuevas tecnologías, como son los sumideros de carbono artificiales que usan técnicas como la captación de CO_2 procedente de las centrales eléctricas u otras actividades humanas y su inyección en capas profundas de la tierra o acuíferos salinos, facilitando su incorporación al ciclo geológico del carbono.

EL CLIMA DEL PASADO

La Tierra es un sistema variable que se regula de diferentes maneras. Su clima ha cambiado a lo largo de los años, tanto en temperatura como en precipitaciones y sequías. Conocer las diferentes épocas climáticas del planeta nos ayuda a comprender cómo puede evolucionar el clima y prever escenarios de futuro. ¿Cómo podemos saber la temperatura del planeta hace miles de años? Hay diferentes elementos que nos han dejado pistas para averiguarlo.

Es cierto que el clima de la Tierra ha cambiado constantemente a lo largo de la Historia; por ejemplo, los dinosaurios no vieron casi hielo en los polos y nuestros ancestros humanos, en cambio, vivieron una glaciación. Lo que nos interesa es conocer las distintas épocas climáticas y hacer un registro del clima para comprender la importancia de los cambios y las tendencias, en busca de señales del cambio climático y su gravedad.

¿QUÉ ÉPOCAS CLIMÁTICAS HA PASADO LA TIERRA?

El pasado es clave para predecir el clima del futuro. Nos da las pruebas de cómo evoluciona la temperatura de la Tierra y cómo esta y los elementos que la componen han ido adaptándose a las diferentes etapas.

Durante los aproximadamente 4600 millones de años que tiene, el planeta Tierra ha pasado por diferentes eras, es decir, periodos de millones de años. Concretamente, ha pasado por hasta siete eras glaciales caracterizadas por presentar una temperatura media global baja y porque se mantienen los casquetes de hielo en los polos del planeta.

La diferencia de temperatura media de la Tierra entre un periodo cálido y otro frío ronda los seis grados, pero tiene un gran efecto en los glaciares, pudiendo avanzar o retroceder miles de kilómetros y cambiar su masa drásticamente. Al derretirse el hielo, por ejemplo, el nivel del mar puede subir varios metros y los ríos ser más caudalosos. Por ello, como a continuación veremos, esta diferencia de temperatura afecta tanto a la geología y dinámica terrestre como a la fauna y flora.

Ya hemos dicho que la Tierra tiene aproximadamente 4600 millones de años y durante sus primeros 2300 millones de años tuvo una temperatura más alta que en la actualidad y no había hielo en la superficie. Sin embargo, esto pareció cambiar drásticamente y le sucedió un periodo de 300 millones de años con el planeta cubierto completamente de hielo, conocido como «Tierra bola de nieve». Se cree que este cambio radical fue debido al impacto de un gran meteorito, al aumento de la actividad volcánica o al paso de nuestro planeta por una nube de polvo cósmico muy densa que provocó una disminución de la radiación solar. Sea cual sea la teoría acertada, el resultado es el mismo: fue el primer gran enfriamiento de la Tierra, la primera era glacial.

Tras esta era, la Tierra comenzó a calentarse poco a poco, el hielo fue desapareciendo progresivamente, se formó el gran océano y fue poblándose de los primeros organismos vivos, hace unos 3800 millones de años.Pero, de repente, el frío volvió a aparecer, dando lugar a lo que se conoce como la segunda era glacial, esta vez más corta, que eliminó gran parte de la vida terrestre. La siguiente era interglacial más cálida duró bastante menos que la anterior, volviendo a enfriarse hace 700 millones de años y produciendo después la tercera y más importante era glacial.

En esta tercera etapa, el hielo llegó a cubrir todo el planeta, incluso cerca del ecuador, por lo que las únicas formas de vida que sobrevivieron fueron las submarinas. Tras 150 millones de años en los que el hielo fue cubriendo casi todo el planeta, la actividad volcánica llegó a fundirlo y comenzó otra era interglaciar con temperaturas más elevadas y, dentro de ella, se repitió un patrón de alternancia en periodos de frío y calor que es el que sigue hasta la actualidad. En cuanto a la cuarta glaciación, comenzó hace unos 430 millones de años y fue la más corta de todas. Rápidamente, volvió a invertirse esta bajada de temperaturas y entonces fue cuando comenzó la primera gran explosión de vida en el continente. Con temperaturas más elevadas, los grandes bosques conquistaron las áreas continentales, insectos y anfibios comenzaron a evolucionar y a diversificarse y aparecieron también los primeros reptiles.

Sin embargo, hace 300 millones de años regresó el frío, el hielo volvió a dominar la Tierra, pero con una gran diferencia con respecto a las anteriores. Si bien en las glaciaciones previas la Tierra estaba cubierta casi completamente por un gran océano y tenía grandes islas, en esta cuarta glaciación se

Periodo Pérmico hace 225 millones de años.

Periodo Triásico hace 200 millones de años.

Periodo Jurásico hace 150 millones de años.

Periodo Cretácico hace 65 millones de años.

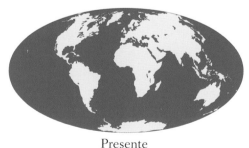

Presente

En esta sucesión de diagramas se observa el desgajamiento continental desde Pangea hasta nuestros días.

¿CÓMO HA SIDO ESTA ERA GLACIAL PARA NUESTROS ANTEPASADOS?

Nos encontramos en una era glacial en cuyos años anteriores hay periodos glaciales, más fríos, e interglaciales, más cálidos. La evolución del clima ha sido clave para la historia de la humanidad. Por ejemplo, entre el 5000 y el 3000 a. C. la vuelta de las temperaturas cálidas permitieron establecer asentamientos permanentes a lo largo del río Tigris, lo que ayudó a fundar las primeras ciudades. Por otro lado, es muy conocida la vestimenta del Imperio Romano que dominaba el Mediterráneo, que era ropa bastante ligera. Además de los veranos secos y calurosos, la mayor parte de Europa pasaba un invierno bastante más cálido de lo que estamos habituados. Este conocido «Periodo cálido romano» duró hasta el año 400 d. C., cuando los inviernos más fríos forzaron a los pueblos bárbaros, entre otros motivos, a trasladarse al sur, abriendo cada vez más las fronteras del Imperio.

Por otro lado, también la humanidad ha pasado una Pequeña Edad del Hielo que se prolonga hasta mediados del siglo XIX, un periodo extraordinariamente húmedo con temperaturas mucho más bajas que las registradas anteriormente. Se trata de uno de los factores que pudo influir en la rápida extensión de la peste negra, que provocó la muerte de un tercio de la población europea de entonces.

TEMPERATURAS DE LOS ÚLTIMOS 11 000 AÑOS

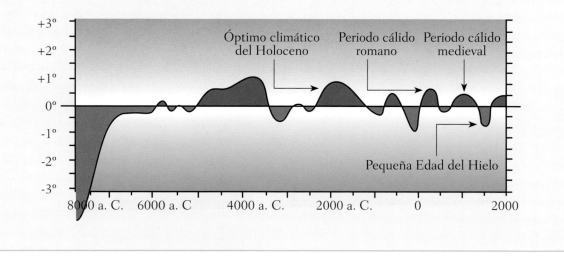

habían agrupando formando el supercontinente Pangea. La existencia de Pangea hace que esta glaciación sea muy diferente a las anteriores: las corrientes marinas comenzaron a influir y a regular el clima de manera notable. Este frío paró hace 245 millones de años, dando lugar a otra época cálida y un nuevo auge de la vida continental, do-minada por los dinosaurios. No obstante, ese pe-riodo de auge de la vida en nuestro planeta ter-minó bruscamente hace 65 millones de años con la conocida caída del meteorito que provocó la extinción masiva de los dinosaurios y de la mitad de las especies de animales y plantas que se en-contraban en el planeta. De esta manera, la Tierra pasó a su séptima y actual era glacial, todavía vigente, ya que actualmente se mantienen los dos grandes casquetes polares y representan el 10% de la superficie terrestre.

REGISTROS DEL CLIMA

Para conocer el clima del pasado tenemos que revisar diferentes datos y elementos. Esto es lo que estudia la paleoclimatología, las características y variaciones climáticas de la Tierra a lo largo del tiempo. El estudio de climas del pasado, o paleoclimas, se realiza a través de indicadores como fósiles, glaciares o los anillos interiores de los troncos de los árboles. Gracias a esas «pistas» o indicadores *Proxy* hemos conseguido conocer algunas características del clima del pasado. Un dato *Proxy* es un apunte indirecto a través del cual se puede interpretar la temperatura o las precipitaciones del pasado.

La necesidad de conocer el clima y así establecer patrones para saber a qué tiempo climático nos enfrentaremos este mes es una necesidad que el ser humano ha tenido desde siempre. De hecho, hay múltiples datos de temperaturas y precipitaciones que han sido recopilados por el ser humano a lo largo de su historia. Por ejemplo, sabemos que los vikingos aprovecharon la desaparición del hielo en el mar para conquistar Groenlandia, o hay cró-

nicas que narran cómo los habitantes de Londres patinaban sobre el congelado río Támesis en 1677. También, los capitanes de los barcos apuntaban en sus diarios de navegación los acontecimientos importantes y las vicisitudes meteorológicas.

La naturaleza también nos aporta pistas de cómo ha sido el clima en épocas pasadas, son detalles que incluso a veces pueden pasar desapercibidas a nuestros ojos. En este sentido, la geología muestra grandes señales. La primera muestra clara del clima que nos permite ver la geología son los fósiles. Un fósil es un resto de un ser vivo, ya sea de su cuerpo o una huella. Si encontramos un fósil de rana bajo las capas de hielo del Ártico, nos debe llevar a pensar que en algún momento era la situación ideal para que viviese este anfibio allí y no el ambiente helado actual.

Los árboles también nos enseñan cómo ha ido variando el clima a través de sus anillos. Los anillos se forman con el crecimiento de su tronco y varían según la temperatura o la lluvia del momento. Así, las épocas lluviosas quedan marcadas en el tronco con un anillo más oscuro y también puede haber marcas de eventos externos como incendios. Al igual que los árboles, los corales también crecen poco a poco y van formando «anillos» coralinos, por lo que su esqueleto puede contener un registro de

Las señales geológicas más evidentes del clima del pasado nos las dan los fósiles y los anillos de los troncos de los árboles.

hasta 500 años de historia. Esta reconstrucción del clima del pasado es muy importante, ya que los corales crecen en regiones tropicales y es uno de los métodos más fiables para conocer cómo ha ido evolucionando el clima de esta región tropical a lo largo de los años (*véase ¿Qué es el blanqueo del coral?*, pág. 55).

Para encontrar pistas más atrás en el tiempo podemos investigar los testigos de hielo. El hielo de las altas montañas y regiones glaciares se ha ido acumulando capa sobre capa durante siglos, por lo que, si perforamos el hielo y sacamos su testigo, encontraremos en estos núcleos polvo, burbujas de aire e isótopos de oxígeno. Los isótopos de oxígeno son muy importantes para la paleoclimatología. Un isótopo es un átomo de un mismo elemento. En el caso del oxígeno, la mayoría de sus átomos están formados por ocho protones y ocho neutrones, conocido como isótopo «oxígeno 16»; pero también podemos encontrar, aunque en menor proporción, isótopos «oxígeno 18» formados por ocho protones y 10 neutrones. Esto provoca que haya moléculas de agua con oxígeno 16 y otras, en menor cantidad, con oxígeno 18. Al tener menor masa, las moléculas con agua con oxígeno 16 se evaporan con mayor facilidad, por lo que las nubes tienen más oxígeno 16 que el agua del océano donde se formaron. De manera que el hielo acumula isótopos de oxígeno 16 y el océano acumula más oxígeno 18. Si el hielo glaciar se derrite y llega al océano, este será enriquecido con oxígeno 16. De este modo, si nos fijamos en los sedimentos de los océanos y en los testigos de hielo podremos conocer la cantidad de oxígeno 16 y oxígeno 18 que contienen y así deducir directamente si había más momentos cálidos y fríos en el planeta.

FRACCIONAMIENTO DE LOS ISÓTOPOS DE OXÍGENO

La proporción de átomos de oxígeno-18/oxígeno-16 va cambiando. Existen registros marinos de conchas de microorganismos como los foraminíferos, y los conocidos registros del hielo de los casquetes polares que, como ya hemos visto, nos permiten conocer los cambios isotópicos que nos proporcionan pistas sobre el clima del pasado.

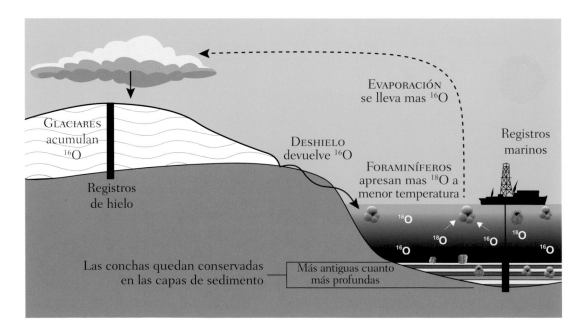

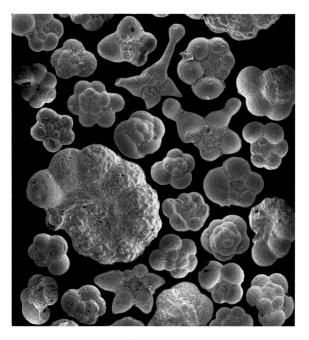

Muestras de diversos foraminíferos planctónicos vistos con aumento.

Esta variación de isótopos de oxígeno también la podemos conocer gracias a las conchas que encontramos en los fondos sedimentarios marinos. Los foraminíferos son los organismos con concha más abundantes del planeta; tan solo miden menos de 1 mm, así que fosilizan con facilidad. Si sus conchas contienen más oxígeno 18 y 16 podremos saber con seguridad a qué temperatura se encontraban las aguas profundas del océano y así reflejarlo en el clima global.

Al igual ocurre con los que los núcleos de hielo, en las cuevas también podemos encontrar testigos del clima del pasado. En el escenario de una cueva también ocurren procesos interesantes para la paleoclimatología. Los espeleotemas son las formaciones minerales que se dan en las cuevas, como las estalactitas, estalagmitas o las columnas, que son las más comunes. Las estalagmitas, que crecen en el suelo de las cuevas hacia arriba, son las más utilizadas para conocer el clima del pasado ya que se forman poco a poco por gotas de agua individuales, creando con ello un registro químico de miles de años, que es el dato que necesitamos para dilucidar los cambios climáticos en el tiempo.

LAS LIMITACIONES DE LOS TESTIGOS DEL PASADO

Cuanto más retrocedemos en el tiempo, más difícil es conseguir datos. Incluso en una muestra en el fondo oceánico, los registros marinos que son tan útiles para estas reconstrucciones, pueden ser sepultadas y destruidas en un momento. Cuanto más nos queramos alejar de nuestro tiempo, más costoso será conocer las características de ese momento. Como mencionamos al principio del capítulo, estos datos no son pruebas directas, sino registros y reconstrucciones basados en estimaciones. Por ello, las reconstrucciones cuantitativas de qué temperatura exacta o qué cantidad de agua llovía en un momento concreto son extremadamente difíciles de realizar y dependen de múltiples variables.

Además, estos estudios se realizan tomando como referencia los ambientes modernos de los que sí tenemos registros fiables, por lo que resulta difícil saber si también serían válidos en el pasado. Esto supone un gran reto para la paleoclimatología, pero nos ha permitido hacer grandes avances en nuestra comprensión del sistema climático global. Nos demuestra que el clima puede variar dentro de unos límites, que ha habido épocas más cálidas, menos lluviosas o más frías, y que se autorregula, pero también que tiene unos límites. Actualmente hay más concentración de CO_2 en la atmósfera que en los últimos 400 000 años y se ha producido de una manera muy acelerada. Así, se teme que el cambio climático limite nuestra capacidad de reacción y, sobre todo, la de la Tierra.

EL EFECTO INVERNADERO

La atmósfera tiene un papel fundamental para la vida y el funcionamiento de la Tierra, con su propio ciclo de regulación. Uno de sus principales cometidos es la filtración de rayos del Sol que nos pueden resultar tan dañinos y el mantenimiento de la temperatura de la Tierra gracias a esta variedad de gases. Con los años, el ser humano ha alterado en gran medida su composición con la emisión de ciertos gases que interaccionan de otra manera, cambiando drásticamente la regulación de la temperatura terrestre.

La atmósfera es una mezcla de gases que recubre el planeta y cumple diversas funciones en cada capa. Es indiscutible que tiene un papel para generar y conservar vida y para el correcto funcionamiento de la Tierra. Una de sus funciones principales es que actúa como capa protectora de la superficie terrestre de la radiación proveniente del Sol.

Al llegar la radiación solar infrarroja a la Tierra, la atmósfera actúa como filtro y deja pasar parte de la radiación que llega a la superficie terrestre. La superficie puede absorberla y también devolver parte de la radiación a la atmósfera. Hay ciertos gases, conocidos como «gases de efecto invernadero» o GEI, que absorben esta radiación y la devuelven a la superficie. Este «rebote» de la radiación entre la atmósfera y la superficie hacen que la temperatura media suba, como si fuese el efecto de un invernadero de jardinería, de ahí su nombre: «efecto invernadero». Sin él, la temperatura media terrestre sería de unos -18 °C en vez de los 15 °C actuales, una diferencia notable de 33 °C.

Las actividades humanas han intensificado este fenómeno natural, siendo uno de los principales causantes del cambio climático. Desde la Revolución Indus-

trial se ha producido un gran incremento de gases de efecto invernadero, aumentando un 70% entre 1970 y 2004. En concreto, el dióxido de carbono ha aumentado un 80% entre 1970 y 2004.

Los principales GEI de la atmósfera terrestre son el vapor de agua, el dióxido de carbono, el metano, el ozono, el óxido de nitrógeno y los clorofluorocarburos (CFC). Menos el último, todos son naturales y existían en la atmósfera desde hace muchos años. Algunos de estos gases provocan más calentamiento que otros, pero desaparecen mucho más rápido de la atmósfera, igual que otros que persisten más tiempo, pero provocan menos calentamiento. Para comparar estos gases se utiliza el Potencial de Calentamiento Global (PCG), que es una medida relativa de cuánto calor puede ser atrapado por un determinado gas en comparación con el dióxido de carbono, cuyo PCG es 1, en el mismo volumen y por un periodo de tiempo determinado, que suele ser de 100 años. Por ello, su unidad de medida es CO_2 equivalente (CO_2-eq).

Esta medida la establecen los estudios técnicos del IPCC, por lo que los resultados pueden variar a lo largo de los años.

ESQUEMA DEL EFECTO INVERNADERO

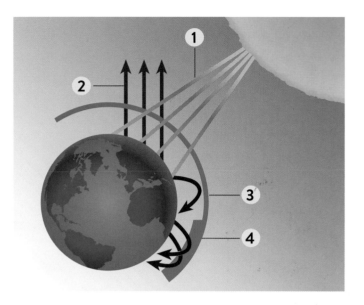

1. La energía solar que llega a la Tierra se absorbe en la superficie.

2. La superficie calentada de la Tierra emite radiación infrarroja.

3. Los gases de efecto invernadero en la atmósfera actúan como una manta, absorbiendo e irradiando calor de regreso a la superficie terrestre.

4. A medida que la actividad humana hace que la capa de gases de efecto invernadero se espese, la cantidad de calor que se irradia hacia la superficie de la Tierra aumenta, lo que provoca el calentamiento global.

- **Vapor de agua** (H_2O) es el estado gaseoso del agua y el que más contribuye al efecto invernadero (absorbe muchos más rayos infrarrojos). Es un gas de efecto invernadero fuerte, pero su concentración varía según los cambios de clima de la superficie.

- **Dióxido de carbono** (CO_2) es un gas muy presente en la naturaleza y la principal fuente de carbono para la vida, como los humanos o las plantas que producen CO_2 al respirar. Es el más preocupante: tiene una larga vida en la atmósfera y absorbe mucha radiación, además de ser el más utilizado a nivel industrial en la quema de combustibles fósiles.

- **Metano** (CH_4) es el principal componente del gas natural utilizado en las cocinas, extremadamente inflamable y explosivo. Se produce de manera natural por la putrefacción de las plantas, por lo que el aumento de su concentración en la atmósfera, además de por su uso industrial, se asocia a la agricultura o los vertederos. Su PCG es de 25 a los 100 años; es decir, la emisión de una tonelada de metano equivale a 25 millones de toneladas de CO_2.

- **Óxidos de nitrógeno** (NOx) es un conjunto de compuestos químicos que se forman por la combustión a alta temperatura. Se generan en la na-

turaleza por los incendios forestales o la actividad volcánica, pero a nivel industrial son expulsados por la quema de combustibles fósiles, como en los vehículos motorizados. Su PCG es de 298 a los 100 años, es decir, 298 millones de toneladas de CO_2.

- **Ozono** (O_3) es una molécula formada por tres átomos de oxígeno. En la atmósfera se encuentra en dos capas: en la estratosfera, concentrándose en la conocida capa de ozono donde actúa como depurador del aire y como filtro de los rayos ultravioletas del Sol; y en la troposfera, producto de la quema de combustibles fósiles, convirtiéndose en un problema, porque en concentración alta puede provocar daños en la salud humana o en la vegetación.

- **Clorofluorocarburos** (CFC) es una familia de gases derivados de los hidrocarburos saturados muy utilizados en la industria para la refrigeración y los aerosoles. Al tener una gran persistencia en la atmósfera, llegan a la estratosfera y, por la acción de los rayos ultravioleta del Sol, se disocian y crean cloro, que es muy reactivo con el ozono y lo destruye. Es la principal cau sa de la pérdida de ozono en la estratosfera. Su PCG es de entre 600 y 24000, variando según el compuesto químico.

COMBUSTIBLES FÓSILES Y EMISIONES DE CO$_2$

Los combustibles fósiles se originan por el efecto de la descomposición de la materia orgánica en un ambiente anóxico (sin oxígeno), sumado a los efectos de la presión y el paso del tiempo (millones de años). Se forman cuando la materia orgánica queda depositada en el suelo o fondos marinos y es cubierta por una capa de sedimentos, lo que hace que quede atrapada en un ambiente sin oxígeno, sometido a elevadas presiones y temperaturas, lo que provoca su transformación en hidrocarburos.

El hecho de ser fuentes de energía no renovables; es decir, que tarden millones de años en generarse y que estamos gastando demasiado deprisa, ya es de por sí un problema. Sin embargo, aún se suma otro: generan la mayor parte de los gases de efecto invernadero en la atmósfera.

CARBÓN

Formado en su mayor parte por materia orgánica de origen vegetal procedente del periodo Carbonífero (hace 300 millones de años) por efecto de la presión, la temperatura y el paso del tiempo. Al ser un proceso que puede sufrir muchas variaciones según las condiciones concretas de cada zona, existen distintos tipos de carbón cuya composición varía, principalmente, en el contenido de carbono. Cuanto más aislada de las condiciones externas ha quedado la materia orgánica, mayor es su proporción de carbono, siendo la antracita el tipo de carbón con mayor presencia (80 %) y la turba el que

menos. La turba podemos obtenerla fácilmente, al ser accesible en zonas húmedas como la tundra o la taiga, mientras que la antracita procede de la actividad minera.

PETRÓLEO Y GAS NATURAL

Su origen se debe a la acumulación de materia orgánica de origen tanto vegetal como animal en el fondo oceánico, donde por efecto de la acumulación de sedimentos sobre ellos, así como una combinación de elevadas presiones y temperaturas, se da un proceso de degradación anóxico que crea depósitos de petróleo (estado líquido o viscoso) o bien gas natural (estado gaseoso). La mayoría de estos depósitos se originaron hace unos 250 millones de años.

EL PROBLEMA DE LAS EMISIONES

Todos los combustibles fósiles tienen una capacidad calorífica y energética muy elevada, si bien el nivel de eficiencia entre ellos es muy distinto, siendo el gas natural el más eficiente (hasta un 90%) frente al petróleo y el carbón (en torno al 25%). Su uso es principalmente su quema para la obtención de calor, o bien su quema en centrales eléctricas para la obtención de energía. En el caso del petróleo y más recientemente, el gas natural, también se usan para la fabricación de combustibles empleados en la automoción y la aeronáutica. Cabe mencionar que los derivados del petróleo también se usan para la obtención de aceites, lubricantes y otros productos derivados.

Lo que resulta una constante en las distintas formas de uso de los combustibles fósiles, es que para la obtención de calor o energía es necesaria su quema o combustión. Como en toda reacción de combustión tenemos como consecuencia la liberación de CO_2 a la atmósfera y, en el caso de los hidrocarburos, por su alto contenido en carbono, las emisiones son elevadas. Por ejemplo, en la reacción de combustión de una molécula de propano, se liberan 3 de CO_2:

$$C_3H_8(g) + 5O_2(g) \rightarrow 3CO_2(g) + 4H_2O(g)$$

El CO_2 es un gas de efecto invernadero y su acumulación en la atmósfera, debido al aumento del uso de combustibles fósiles durante la revolución industrial y, especialmente a finales del siglo XX, coincide con el aumento de la temperatura media del planeta, siguiendo ambas líneas de evolución un crecimiento exponencial, siendo uno de los principales causantes del cambio climático. A día de hoy, la situación sigue siendo alarmante. En 2019 se estimaron unas emisiones globales de 36 800 millones de toneladas de CO_2, si bien ya son numerosas regiones en las que se están tomando medidas y se observa una reducción en Europa, Estados Unidos y Japón.

La preocupación internacional sobre las emisiones globales de CO_2 hace que haya sido uno de los principales temas en las cumbres climáticas, especialmente de las cumbres de Kioto (1997) y la cumbre de París (2015), donde, bajo el auspicio de las Naciones Unidas, se ratificaron acuerdos de compromiso por parte de los países para reducir sus emisiones y llevar a cabo una transición hacia modelos productivos y economías libres de carbono.

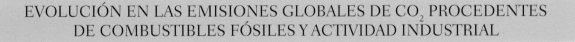

EVOLUCIÓN EN LAS EMISIONES GLOBALES DE CO_2 PROCEDENTES DE COMBUSTIBLES FÓSILES Y ACTIVIDAD INDUSTRIAL

Gt CO_2/año (miles de millones)

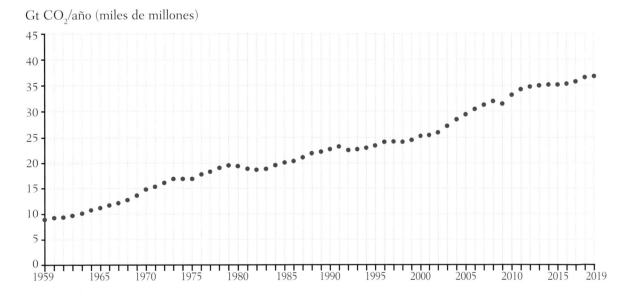

¿SE PUEDE DUDAR DEL CAMBIO CLIMÁTICO ANTROPOGÉNICO?

La estrecha relación entre las sociedades humanas y su implicación en el cambio climático ha derivado en el cuestionamiento de su origen o de su grado de importancia. Sin embargo, debemos tener en cuenta que las cuestiones relativas al calentamiento global y sus efectos se encuentran sustentadas en la evidencia científica, de la misma forma que lo están otros temas como pueden ser el funcionamiento del Sistema Solar, la teoría de la evolución de las especies o la efectividad de la medicina.

El método científico es un procedimiento mediante el cual se construye el conocimiento científico. Es un sistema que consta de varias partes, tales como la observación o medición de un suceso, el planteamiento de una hipótesis que lo explique, la puesta en marcha de una serie de experimentos para demostrar o refutar la hipótesis y la capacidad de que los resultados puedan ser revisados y repetidos por otras personas con el fin de demostrar que la explicación es correcta. Dicha verificación de los plantea-

mientos se traduce en el desarrollo del conocimiento científico sobre unas ideas robustas, lo cual permite en última instancia tener un conjunto de conceptos para explicar y predecir la naturaleza del Universo.

La ciencia del cambio climático se ha construido dentro de dicho marco, sirviéndose así del método científico. Esto ha permitido determinar que actualmente se está produciendo un calentamiento global y que esta situación es debida a la liberación de dióxido de carbono, entre otros gases de efecto invernadero, por parte de las sociedades humanas. Actualmente, entre los expertos climáticos existe un amplio consenso al respecto, el cual está situado en torno al 97 % o incluso más. Por tanto, podemos asegurar que la evidencia es lo suficientemente sólida como para no continuar debatiendo en contra de ella y confiar en la opinión de los expertos. Aún así, los argumentos negacionistas perduran en ciertos discursos sociales y medios de comunicación, planteando dudas sobre la fuente de dióxido de carbono, el origen o existencia del calentamiento y sus implicaciones. Todos ellos han sido analizados y refutados por la ciencia.

En relación con las otras posibles fuentes de carbono, se ha planteado la posibilidad de que los volcanes tengan un peso más importante. La mayor cantidad de carbono de la Tierra se encuentra encerrado en las rocas y parte de esta fracción es liberada lentamente, en forma de dióxido de carbono, desde los volcanes y aguas termales. Se ha demostrado que las emisiones volcánicas han sido una parte importante en los cambios ocurridos en el pasado. Sin embargo, la evidencia científica ha constatado que hoy en día los seres humanos emiten 100 veces más CO_2 que los volcanes.

MÉTODO CIENTÍFICO

Conclusión   Observación

Análisis

Pregunta

Experimentación   Hipótesis

TEMPERATURA vs ACTIVIDAD SOLAR

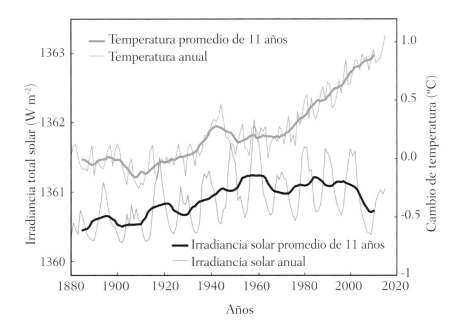

Vista gráfica de la tendencia de la temperatura global comparada con los cambios en la cantidad de energía solar que nos llega. Cada 11 años, la energía del Sol cambia en torno a un 0,1 %, así que, en teoría, debería haberse enfriado entre 2000 y 2008, pero no fue así.

La comunidad científica también ha analizado el papel de la actividad del Sol sobre las temperaturas observadas en la Tierra. Tras registrar la energía emitida por el Sol, se ha podido demostrar que su actividad ha disminuido desde la década de 1980, mientras que otros tipos de indicadores señalan que la Tierra se está calentando cada vez más rápido. Es decir, al mismo tiempo que el Sol se enfría, están aumentando las temperaturas en el planeta, por lo que podemos descartar dicha opción como causa del calentamiento global.

Un argumento que se suele esgrimir en contra de las acciones contra el cambio climático son las fluctuaciones del clima en otras épocas de la Tierra. Sabemos, por los estudios del clima del pasado (*véase* El clima del pasado, pág. 12), que los gases de efecto invernadero actúan en el control de las condiciones climáticas de la Tierra. En algunas ocasiones, la liberación de dichos gases derivó en un cambio lento, pero en otras supuso una transformación abrupta. Que dichas situaciones ya se hayan producido en otras épocas geológicas no quiere decir que no debamos preocuparnos. De hecho, en las ocasiones que la liberación de carbono ha sido de una forma rápida, por ejemplo con el impacto de meteoritos o

aumento de la actividad volcánica, también se registraron grandes extinciones de especies.

Otro aspecto a tener en cuenta es que no debemos confundir los eventos meteorológicos con los climáticos. A menudo, el calentamiento global es cuestionado porque ocurre un suceso meteorológico que no parece corresponderse con la subida de las temperatura. Por ejemplo, una intensa ola de frío o un incremento de las lluvias, los cuales son sucesos que entran dentro de la dinámica de la meteorología. Sin embargo, con respecto al cambio climático, hay que tener en cuenta la tendencia a largo plazo y, según la evidencia científica, todos los indicadores muestran que se está produciendo un calentamiento global.

Las consecuencias e impactos del cambio climático, que tiene múltiples dimensiones sociales y ecológicas, suponen que es uno de los mayores desafíos a los que se enfrenta la humanidad. Pero la aceptación de esta realidad debe ser optimista y con espíritu crítico. Esa actitud nos evita la paralización a la hora de actuar debido al miedo o al catastrofismo, y sortea los retrasos en la adopción de las soluciones realmente efectivas.

EL PAPEL DE LOS OCÉANOS EN EL CLIMA

Los océanos y mares cubren más del 70 % de la superficie de nuestro planeta. Se estima que en su totalidad estos sistemas cuentan con 1 350 millones de kilómetros cúbicos de agua, lo que supondría alrededor del 96 % de toda la existente en la Tierra. Debido a sus dimensiones y las características físicas del agua, que le permite por ejemplo absorber una gran cantidad de calor de la atmósfera, es lógico que tengan una gran influencia en el resto de sistemas del planeta.

Por ejemplo, los océanos no son un sistema estático, sino que están en constante movimiento por varios factores: la rotación de la Tierra, la energía recibida desde el Sol o la influencia de los vientos. Los vientos dominantes a nivel global son una parte importante que condiciona la dirección del agua superficial al desplazarse, así se establecen las corrientes oceánicas o marinas.

A nivel general, en todos los océanos domina un movimiento circular conocido como circuito oceánico. El desplazamiento de esta corriente se produce bajo la influencia de la fuerza de Coriolis, haciendo que en el hemisferio Norte se mueva a favor de las agujas del reloj, mientras que lo hace en sentido contrario en el hemisferio Sur.

LA INFLUENCIA DE LA ATMÓSFERA EN LAS CORRIENTES MARINAS

La importancia de la influencia del sistema atmosférico se hace patente al ver que las corrientes oceánicas siguen el movimiento del viento, hasta encontrarse con los continentes. En la región del Ecuador el desplazamiento de las aguas superficiales, que tienen

MAPA DE LAS CORRIENTES MARINAS

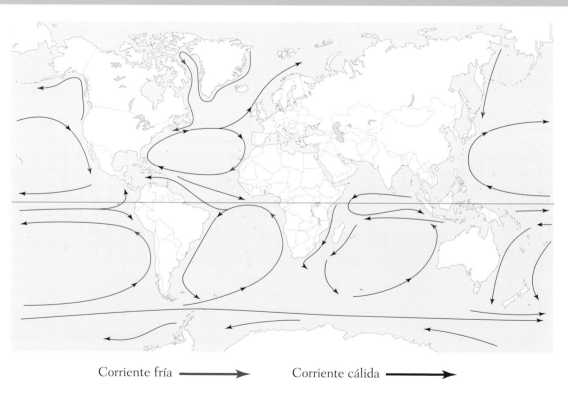

Corriente fría ⟶   Corriente cálida ⟶

ESQUEMA DE LA CIRCULACIÓN TERMOHALINA

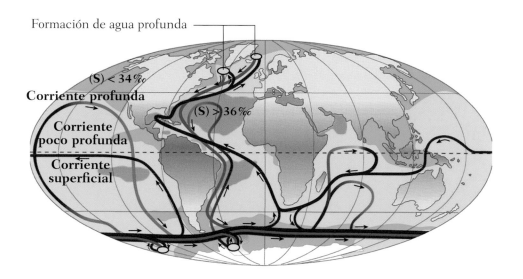

Formación de agua profunda

(S) < 34‰

Corriente profunda

Corriente poco profunda

Corriente superficial

(S) >36‰

---

una temperatura cálida, es en dirección oeste, debido a la influencia de los vientos alisios. Al llegar a un continente, la corriente se divide en dos: una parte va hacia el Norte y otra al Sur siguiendo las costas.

Conforme se están alejando del Ecuador, la temperatura del agua comienza a ser menor. En este punto el viento las empuja desde el oeste al este, siguiendo en este caso la costa occidental de los continentes, y fluyendo nuevamente hacia el Ecuador, donde se volverán a calentar e iniciar el circuito. Por tanto, las corrientes marinas actúan como un sistema que distribuye el calor por el resto del mundo, actuando así como un regulador de la temperatura global.

¿QUÉ ES LA CIRCULACIÓN TERMOHALINA?

El término circulación termohalina o cinta transportadora oceánica se refiere a la circulación del agua a través de los océanos de la Tierra. Se trata de un fenómeno que sucede a una escala global y que tiene un importante papel en la regulación del clima del planeta.

La cinta transportadora oceánica se produce debido a las diferencias de temperatura y salinidad, factores que condicionan la densidad del agua marina. Cuando la luz solar incide sobre la superficie de mares y océanos, esta se calienta y adquiere una menor densidad. Es decir, dicha masa de agua pasa a tener

un peso bajo. Debido a la acción de los vientos y otros fenómenos, como el efecto Coriolis, el agua superficial es movilizada y transportada desde las zonas cálidas de la Tierra hacia los polos.

Conforme llega a latitudes más altas, por ejemplo al norte del océano Atlántico norte o al océano Austral, la temperatura de la masa de agua va descendiendo. Este enfriamiento hace que el agua sea más densa, por lo tanto se produce su hundimiento hacia las cuencas oceánicas. Además, la formación de hielo y otros procesos retiran agua dulce del sistema, haciendo que el agua marina sea algo más salada. Esto aumenta la salinidad del agua. En las profundidades oceánicas, la velocidad de las corrientes se ralentiza hasta llegar a rangos de centímetros por segundo, frente a los 1 m/s que pueden registrarse en algunas corrientes superficiales. En las regiones abisales la distribución del agua va a estar determinada por la topografía del fondo marino, las diferencias de densidad y la llegada de nuevas masas de agua.

Debido al reemplazo que se da en la superficie, las aguas profundas pueden volver a ascender y serán impulsadas a medida que varían sus propiedades físicas. Así, la circulación termohalina recorre la totalidad de los océanos en un proceso que puede tomar alrededor de 2000 años.

FENÓMENOS CLIMÁTICOS EXTREMOS

El cambio climático no solo está modificando la temperatura media de las regiones, sino también sus extremos y está experimentando cambios continuos en las últimas décadas. Muchos fenómenos poco habituales están pasando a convertirse en frecuentes, incluso algunos están cambiando su intensidad. Más olas de calor, sequías y precipitaciones más intensas, fenómenos más agudos. La meteorología y sus desastres asociados están cambiando y el cambio global puede estar detrás de esto.

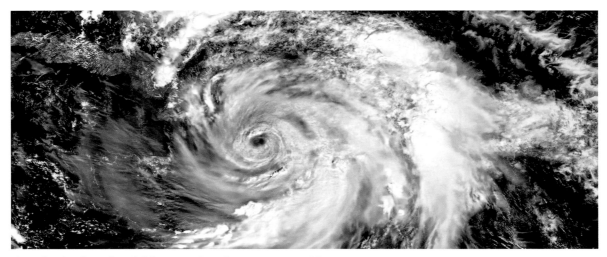

Vista desde el satélite del huracán Matthew, que azotó Haití.

Los fenómenos meteorológicos extremos son situaciones fuera de lo normal, de alta intensidad y que causan graves daños a su paso. A pesar de ser inusuales, ocurren de manera natural, pero desde hace unos años estamos viviendo un aumento de frecuencia e intensidad, además de hacerlos más persistentes. Por ejemplo, el aumento del número de días soleados puede llevar a una ola de calor o bien días de lluvias intensas pueden provocar inundaciones.

Sin embargo, el estudio de la correlación directa entre los eventos extremos y el cambio climático está siendo tema de debate en parte del sector científico, ya que resulta difícil cuantificar cómo el calentamiento global antropogénico aumenta la intensidad de estos eventos extremos. Las herramientas actuales no son suficientes para saber cuál es el origen de estos eventos extremos y para cuantificar sus consecuencias. De este modo, no es lo mismo ni tiene el mismo impacto una sequía o un huracán, ni tampoco que se produzca en diferentes partes del mundo.

Estos estudios son muy importantes dentro de la climatología para poder establecer modelos de proyecciones más fiables y que puedan utilizarse para la toma de decisiones. Actualmente no podemos afirmar con rotundidad que el cambio climático antropogénico provoque un aumento de los fenómenos climáticos extremos, pero sí que todos estos eventos tienen como denominador común el cambio climático.

CICLONES TROPICALES

Los ciclones tropicales, también llamados huracanes, tifones o tormentas tropicales, se caracterizan por tener un área de muy baja presión y rachas de viento de mínimo 120 km/h. Congregan una situación de fortísimos vientos e intensas lluvias, por lo que son muy destructivos.

En los últimos 40 años hemos visto un gran aumento de los huracanes tanto en número como en intensidad, frecuencia y duración. Esto es comúnmente asociado al aumento de la temperatura superficial del mar, que es donde se forman estos ciclones, así como la subida general de las temperaturas de las capas altas de la atmósfera y, por consecuencia, el aumento de la humedad relativa.

El más intenso hasta ahora fue el Huracán Patricia, que arrasó América Central y el 23 de octubre de 2015 llegó a su pico más intenso con vientos de hasta 400 km/h.

OLAS DE FRÍO O CALOR

En meteorología una «ola» es un periodo de temperaturas anormalmente bajas, en el caso de ola de frío, o altas, en el caso de olas de calor, en un área concreta. En ambos casos las consecuencias pueden ser devastadoras y dependen de la ubicación geográfica. Por ejemplo, no tendrá la misma temperatura media una ola de calor en el Norte de Europa que en el de África. En cualquier caso, el calor o frío excesivo durante un periodo de tiempo prolongado puede provocar daños importantes en los cultivos, incendios forestales, pérdida de agua potable, daños en viviendas y ser muy perjudiciales para los seres vivos.

Estos cambios radicales de temperatura pueden provocar estrés térmico en los seres humanos. Se trata de una sensación de malestar debido a que el cuerpo realiza un gran esfuerzo para utilizar sus mecanismos de regulación de la temperatura. Su respuesta es diferente según la susceptibilidad y aclimatación de cada individuo. Por ejemplo, si la temperatura media de la zona donde resides es de 24 °C y aumenta a 31 °C, lo más probable es que decidieras marcharte. Por ello, el estrés térmico puede llevar asociada una pérdida de habitabilidad de ciertas regiones, que quedarán despobladas porque poca gente podrá soportar las temperaturas, más altas o más bajas.

MÁS SEQUÍAS Y MENOS LLUVIAS, PERO MÁS TORRENCIALES

Al aumentar la temperatura general se dan periodos largos en los que las precipitaciones son escasas, causando un desequilibrio hidrológico bastante grave y provocando una época de sequía.

Las sequías conllevan un aumento de la aridez del suelo, por lo que hay más probabilidades de que ocurran riadas en las que el impacto de la lluvia intensa sea mucho mayor y arrastre restos de sedimentos, provocando una pérdida del suelo.

Al contrario de lo que se suele pensar, el cambio climático también acarrea más lluvias. Al aumentar la temperatura general también aumenta la evaporación del agua, por lo que se favorece su acumulación en nubes con una carga mayor. Si a este hecho se le suma un aumento de la disponibilidad energética en el ambiente, el resultado son lluvias mucho más intensas, con más carga, y por lo tanto mucho más destructivas.

PEQUEÑOS CAMBIOS QUE PROVOCAN CAMBIOS EXTREMOS

El cambio de temperatura media en un lugar, aunque sea de pocos grados o con variaciones sutiles, puede conllevar mucho riesgo a largo plazo en cuestión de cambio climático general.

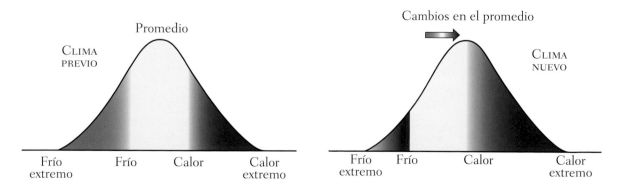

Lo importante de estos periodos tanto de sequía como de lluvias es que se están produciendo con mucha más frecuencia y en lugares en los que no estamos preparados para estas situaciones.

OSCILACIONES CLIMÁTICAS DE EL NIÑO Y LA NIÑA

Las oscilaciones climáticas son patrones del clima que se producen de manera natural como una de las formas que tiene nuestro planeta de regular su temperatura. En la región ecuatorial del océano Pacífico hay un patrón localizado denominado ENSO, *El Niño-Southern Oscillation,* que sucede de dos a siete años. Se trata de un ciclo en el que la temperatura superficial del océano es anormalmente cálida en invierno, denominado «El Niño» en referencia al Niño Jesús por su aparición cerca del 25 de diciembre; o anormalmente fría en el caso de La Niña.

Los vientos alisios regulan la temperatura alrededor del ecuador soplando de los trópicos hacia el suroeste en el hemisferio norte y al noroeste en el hemisferio sur, encontrándose en el Ecuador. Normalmente estos vientos desplazan las aguas superficiales cálidas de este a oeste y hacen que afloren las frías aguas profundas ricas en nutrientes. Sin embargo, cuando sucede El Niño los vientos alisios dejan de soplar y una corriente cálida se localiza en las costas del este del Pacífico. En general, el océano se enfría en el sudeste asiático, apenas se forman nubes y escasean las lluvias, pero en América del Sur la elevada temperatura y tasa de evaporación genera nubes muy cargadas de agua e intensas lluvias. En el caso de La Niña, los vientos alisios se fortalecen y arrastran más agua fría, por lo que supone la fase pre y post El Niño.

Este fenómeno cambia el régimen climático durante un año, por lo que tiene un gran interés económico y social. Por ejemplo, El Niño provoca periodos de sequías en Indonesia, una fuerte pérdida de recursos pesqueros en Perú o lluvias intensas en el centro y este del Pacífico. Por el contrario, durante La Niña es el oeste del Pacífico quien sufre fuertes inundaciones y las sequías abundan en el este.

Así experimenta el ser humano de primera mano los efectos del cambio climático, ya que no percibimos igual el aumento del nivel de dióxido de carbono en la atmósfera, por ejemplo. Y como no se producen

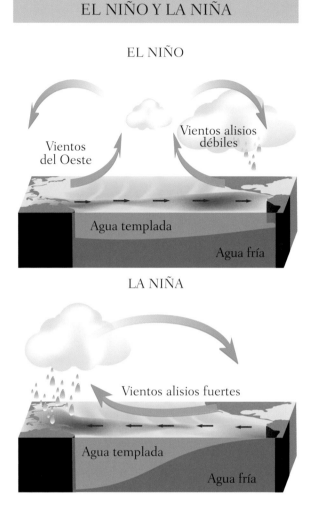

EL NIÑO Y LA NIÑA

EL NIÑO

Vientos del Oeste

Vientos alisios débiles

Agua templada

Agua fría

LA NIÑA

Vientos alisios fuertes

Agua templada

Agua fría

de manera lineal y progresiva, sino que pueden ocurrir en cualquier momento, nos vemos vulnerables.

En los últimos 20 años han ocurrido unos 12 000 fenómenos meteorológicos extremos, cobrándose la vida de casi 500 000 personas. El gran aumento de la frecuencia de estos eventos extremos no solo está ligado a la regulación térmica del planeta o a la pérdida de hábitats y ecosistemas, sino que está directamente relacionado con la supervivencia del ser humano, tanto por la destrucción de sus viviendas (*véase* Migraciones forzosas por el cambio climático, pág. 132) como por la pérdida de recursos. Además, las ciudades no están adaptadas para la crisis climática, por lo que es imprescindible la acción política con un plan de adaptación y mitigación de sus devastadores efectos.

INFLUENCIA ANTROPOGÉNICA SOBRE EL CLIMA

El ser humano influye en el clima de múltiples maneras, siendo estos efectos antrópicos uno de los causantes del cambio climático que está teniendo lugar en nuestro planeta. Cualquier actividad tiene una influencia directa o indirecta sobre el medio ambiente, siendo nuestro papel intentar reducirlas o eliminarlas definitivamente. ¿De qué manera afecta el ser humano al clima?

La actividad humana ha tenido y continúa teniendo grandes efectos sobre el clima y la composición de la atmósfera. Desde antes de la revolución industrial el ser humano ha utilizado para su propio beneficio los recursos que nuestro planeta les brindaba. Sin embargo, no se planteaba si estos actos tenían consecuencias o de qué manera repercutiría en su día a día.

La práctica habitual y más antigua que el ser humano ha realizado para modificar su entorno y tiene un gran efecto en el hábitat es la deforestación (*véase* La importancia de las zonas forestales, pág. 42). A pesar de la presión social para reforestar, el ser humano ha convertido los bosques en campos de cultivo, ha talado para la industria maderera o para construir asentamientos como las ciudades.

CAPA DE OZONO Y LOS CLOROFLUOROCARBUROS (CFC)

La capa de ozono u ozonosfera es una zona de la atmósfera terrestre donde se concentra una cantidad alta de ozono, más del 90 % de todo el ozono existente en nuestro planeta. Es muy importante, ya que absorbe la radiación ultravioleta nociva que nos llega desde el Sol, haciendo que se rompa el enlace de los átomos de oxígeno y depurando el aire. Sin embargo, estas reacciones son fácilmente perturbables y otras moléculas se interponen en esta reacción, provocando el conocido «agujero de la capa de ozono».

El desgaste de esta capa, o la disminución de ozono, provoca que llegue más radiación ultravioleta a la superficie terrestre, aumentando las posibilidades de riesgos de enfermedades tumorales, cáncer, cataratas y melanomas, entre otros.

Para proteger esta capa se firmó el Protocolo de Montreal en 1987 por la Asamblea General de las Naciones Unidas, prohibiendo el uso de compuestos como los CFCs entre otros. Gracias a estas restricciones el agujero de la capa de ozono, situado en la Antártida, ha disminuido y se espera que se recupere por completo en el año 2075.

Radiación UV

El crecimiento de las ciudades también afecta al cambio de temperatura local debido a la creación de islas de calor. La actividad de las grandes urbes provoca un aumento de la temperatura en las mismas, haciendo que el asfalto y hormigón del que están fabricadas principalmente acumulen este calor durante el día y lo irradien lentamente por la noche. Este hecho, unido a la falta de circulación de aire y de zonas verdes y cuerpos de agua que regulen la temperatura de las ciudades, provoca que la temperatura de una urbe sea mucho más alta que la de su alrededor, causando además un choque térmico con sus alrededores.

Este efecto térmico urbano afecta a las comunidades especialmente en verano, cuando se incrementa el uso del aire acondicionado, así como aumenta la contaminación del aire y la acumulación de gases de efecto invernadero en las ciudades.

A medida que el ser humano ha desarrollado su actividad industrial, también ha ido aumentando el nivel de emisiones. Antes de la revolución industrial, la quema de bosques y el incremento de la ganadería ya aumentó el nivel de emisiones, aunque su nivel era muy menor al de las actuales.

Además de los gases de efecto invernadero, de los cuales ya hemos hablado, y que como ya sabemos, contribuyen al calentamiento global, encontramos otra serie de emisiones que han ido aumentando a causa de la actividad humana. Este es el caso de los aerosoles. Un aerosol es un coloide, es decir, un sistema formado por partículas sólidas o líquidas suspendidas en un gas. Se generan de manera natural en la Tierra, como las cenizas volcánicas o las tormentas de polvo, o bien por la actividad humana como la quema de combustible o la fabricación de aerosoles artificiales que po-

CREACIÓN DEL *SMOG* FOTOQUÍMICO

Las ciudades muy industrializadas provocan una contaminación atmosférica por combustión reflejada en este esquema clásico de *smog* que concluye con la lluvia ácida.

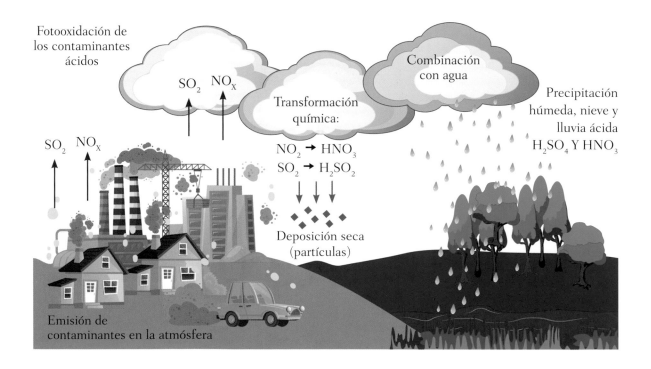

Vista de la ciudad de Varsovia, Polonia, cubierta con un denso *smog* y contaminación.

demos encontrar en productos cotidianos como insecticidas, perfumes, desodorantes o pinturas. Estos últimos son los que han generado gran controversia frente al cambio climático. Su composición puede ser muy variada, por lo que tiene diferentes formas de interactuar con la atmósfera y la radiación solar.

Algunos aerosoles pueden reflejar o dispersar los rayos solares, provocando que llegue menos energía a la superficie de la Tierra y oscureciéndola. Una de las conocidas consecuencias de los aerosoles es el *smog*, una niebla de humo que se origina por la combinación entre contaminantes y una situación de escasos movimientos en el aire.

El *smog* fotoquímico, resultado de la interacción de la luz solar con óxidos de nitrógeno, provoca una niebla contaminante que es nociva, irritante y tóxica. Otro tipo de *smog* es el sulfuroso o industrial, que se produce en grandes ciudades debido a la contaminación por óxidos de azufre producidos por la combustión del carbón. La reacción entre los óxidos de azufre, los rayos solares y las gotas de lluvia crea una niebla espesa cargada de contaminantes que puede precipitarse como lluvia ácida, con efectos muy negativos para la salud y la conservación de edificios.

EFECTOS GLOBALES DE UN ARMA NUCLEAR

Debido a su poder devastador, las armas nucleares son objeto de controversia en numerosos tratados internacionales. No obstante, cabe destacar los efectos ambientales globales que un ataque nuclear puede provocar por pequeño que sea.

Hasta el momento, el único ataque nuclear ha sido unilateral por parte de Estados Unidos hacia las ciudades japonesas de Hiroshima y Nagasaki durante la Segunda Guerra Mundial, pero se han realizado múltiples ensayos nucleares en todo el planeta. El estudio de las consecuencias de estas detonaciones nucleares analiza si pudieron ser un factor condicionante del descenso de temperatura global y el cambio de los patrones de las precipitaciones ocurridos durante los años 60 y 70.

Aunque se trata de teorías y estudios en desarrollo y por contrastar, no cabe duda que, tras estas detonaciones, el clima global cambió y sus consecuencias pudieron verse a nivel global, lo que ha llevado a diferentes grupos científicos a utilizar el término «invierno nuclear como un fenómeno climático a consecuencia de las detonaciones nucleares. Además de la destrucción de la población, campos, ciudades y todo lo que pudiera encontrar a su paso, esta detonación destruiría la capa de ozono, aumentando la radiación ultravioleta; las nubes de polvo provocarían el descenso de la incidencia de la radiación solar, disminuyendo la temperatura global e impidiendo a las plantas hacer la fotosíntesis y dejando sin alimento a los animales que habitamos la Tierra. Se calcula que en pocas semanas no habría alimentos para los seres vivos y, como consecuencia, tendría lugar una extinción masiva como la ocurrida con los dinosaurios.

EFECTOS EN LA BIOSFERA

Cuestiones como el problema del agua, un recurso escaso, la degradación del suelo, la deforestación, la subida de la temperatura del océano y sus consecuencias sobre los seres vivos, la acidificación del océano, la pérdida del arrecife de coral o el problema del deshielo en las zonas polares, son muy preocupantes hoy día, tras unas décadas en las que el deterioro masivo de la biosfera es más evidente.

LOS RECURSOS HÍDRICOS FRENTE AL CAMBIO CLIMÁTICO

A pesar de ser un elemento abundante en el planeta, la gran mayoría del agua no es apta para el consumo humano o para el uso en aspectos clave como la agricultura o la ganadería. Además, diversos impactos medioambientales limitan aún más la disponibilidad de los recursos hídricos. Los efectos del cambio climático agravarán los problemas asociados a la gestión del agua y multiplicarán sus impactos sobre las sociedades.

Los recursos hídricos dependen del conocido como ciclo del agua, el cual describe el movimiento del agua a lo largo de la Tierra. Las masas de agua se pueden dividir en cuatro partes: salina, dulce, atmosférica y depósitos de hielo. El movimiento del agua de un punto a otro va a depender de las condiciones climáticas y de procesos físicos como la evaporación, la precipitación o las características del suelo en función de su capacidad de impermeabilidad, lo que permitirá su retención o su filtración subterránea.

Podemos iniciar el ciclo sobre la superficie de los mares y océanos. Aquí, el calor del Sol hace que se caliente el agua y, por tanto, provoca su evaporación y transferencia a la atmósfera. Otras fuentes que aportan humedad al aire son la evaporación desde el suelo y la evapotranspiración generada desde las plantas debido a procesos fisiológicos vinculados a la fotosíntesis y respiración vegetal. Conforme las masas de aire aumentan de altitud, la disminución de la presión y las temperaturas más frías permiten que el vapor de agua se condense. Dichas pequeñas gotas de agua líquida en suspensión son las que conforman las nubes. El vapor de agua es transportado a distintas partes del mundo gracias a la circulación atmosférica. Cuando las condiciones son idóneas, se producen precipitaciones, en forma líquida, de hielo o de nieve, gracias a la acumulación de las nubes. Dichas precipitaciones ayudan al mantenimiento de las capas de hielo y los glaciares situados en diferentes regiones, los cuales suponen una reserva de agua dulce para algunas sociedades.

Gran parte del agua cae sobre los océanos, mientras que aquella que lo hace en tierra fluirá sobre el suelo a modo de escorrentía superficial. Esta parte es muy importante, ya que nutre ríos y lagos de muchas regiones hasta, finalmente, regresar a los océanos. Por otro lado, una proporción importante del agua penetra dentro del suelo, infiltrándose profundamente en la tierra y ayudando así a reponer los acuíferos. Dicha agua puede volver a la superficie a través de los manantiales o dirigirse hacia los océanos donde inicia de nuevo el ciclo. Se ha calculado que el agua subterránea puede mantenerse bajo tierra por más de 10 000 años, constituyendo lo que se conoce como agua fósil. En muchas regiones del mundo, los acuíferos constituyen la mayor reserva hídrica, incluso en cantidades muy superiores a las almacenadas en la superficie.

Los pasos del ciclo del agua, y los mecanismos por los que están regulados, presentan una estrecha dependencia con las temperaturas. Por tanto, la disponibilidad de agua dulce en una región va a depender de factores como la evaporación, la precipitación y la fusión de las nieves, entre otros. Dichos aspectos se verán influidos por el calentamiento global, el cual modificará de manera importante el ciclo del agua.

Según expresó el Grupo Intergubernamental de Expertos sobre Cambio Climático (IPCC) en su informe del año 2007, el ciclo del agua se intensificará durante el siglo XXI debido al cambio climático. Esto no implica que las precipitaciones vayan a aumentar en todas las regiones. Las consecuencias de esta influencia hará que en algunos lugares,

ESQUEMA DEL CICLO DEL AGUA

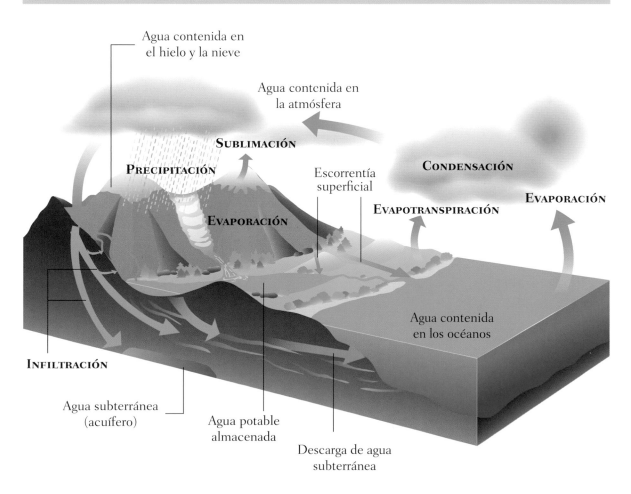

DISTRIBUCIÓN DEL AGUA EN LA TIERRA

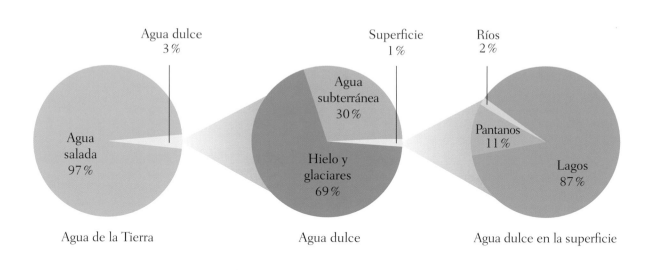

Agua dulce
3%

Superficie
1%

Ríos
2%

Agua
subterránea
30%

Pantanos
11%

Agua
salada
97%

Hielo y
glaciares
69%

Lagos
87%

Agua de la Tierra

Agua dulce

Agua dulce en la superficie

como la cuenca del Mediterráneo, Sudáfrica, el sur de Australia y el suroeste de los Estados Unidos, las precipitaciones disminuyan y, por tanto, se incrementen las probabilidades de sufrir sequías. Por otro lado, en las zonas ecuatoriales, el incremento de la humedad atmosférica conllevará un aumento de las precipitaciones. En resumen, las regiones secas se volverán más secas, mientras que las húmedas serán más húmedas en respuesta al calentamiento global. Actualmente existe consenso científico, derivado de las diferentes evidencias y estudios, sobre que el cambio climático ya está influyendo en el ciclo del agua, con el consiguiente impacto en la disponibilidad de recursos hídricos y las necesidades de las poblaciones.

Por tanto, el cambio climático pone en riesgo el derecho humano al agua, ya que afecta a su disponibilidad, cantidad y calidad, representando un serio problema para millones de personas. Los cambios hidrológicos inducidos por el calentamiento global deben entenderse como una dificultad añadida a la gestión sostenible de los recursos hídricos, los cuales ya se encuentran bajo la presión de otros impactos medioambientales en muchas partes del mundo. Atendiendo a este aspecto, podemos decir que las consecuencias del cambio climático tendrán un efecto negativo sobre la seguridad alimentaria, la salud humana, las infraestructuras, la producción de energía eléctrica, el desarrollo económico y sobre los ecosistemas dependientes del agua y de cuyo correcto funcionamiento dependen las sociedades. En las regiones donde el suministro de agua resulta discontinuo e impreciso, el cambio climático agravará la situación a medida que se incremente la escasez de agua.

Con respecto a la calidad del agua, podemos decir que el aumento de las temperaturas afectará a la capacidad de autodepuración de los depósitos de agua dulce. Esto se debe a que provocará la disminución de la concentración de oxígeno disuelto en ella, lo cual limitará los procesos ecológicos que ayudan a la eliminación de elementos dañinos. Además, las inundaciones y la concentración de contaminantes facilitada por las sequías suponen un riesgo de contaminación del agua potable y crecimiento de organismos patógenos. En el aspecto de los ecosistemas, se teme por los impactos negativos sobre humedales y bosques. Dicha degradación tendrá como consecuencia la pérdida de biodiversidad pero, además, reducirá los servicios ecosistémicos aportados por estos sistemas como pueden ser la purificación del agua, el secuestro del carbono o la protección natural frente a inundaciones y otros fenómenos. También se verán afectados otros aspectos como la silvicultura, la pesca o el ocio.

Según el *Informe Mundial de las Naciones Unidas sobre el Desarrollo de los Recursos Hídricos,* en los últimos 100 años el uso del agua a nivel mundial se ha multiplicado por seis. Se estima que esta cifra siga aumentando a un ritmo constante de 1 % anual, en parte como consecuencia del aumento demográfico y el desarrollo económico que conllevan cambios en los hábitos de consumo. Todo ello tendrá como resultado un incremento de la conocida como huella hídrica, tanto de personas particulares, como de empresas y naciones. Por otro lado, actualmente alrededor de 3 mil millones de personas en todo el mundo están sufriendo los efectos de la escasez de agua potable. Mientras que aproximadamente unos 1 500 millones de personas se enfrentan a una grave escasez de agua, como sequías prolongadas, debido a la mala gestión de los recursos hídricos, el incremento de la demanda, la degradación ambiental y los cambios en las condiciones climáticas. Por ejemplo, según el informe de *El estado mundial de la agricultura y*

la alimentación 2020, redactado por la FAO, unos 50 millones de personas en el África subsahariana viven en regiones donde la agricultura y la ganadería se han visto severamente afectadas por las sequías.

Dentro del escenario del cambio climático, resulta necesario adoptar medidas destinadas a reducir la huella hídrica para afectar lo menos posible a los recursos hídricos. Además de ello, se está explorando el desarrollo de tecnologías que permitan la reutilización del agua. Esto debe realizarse mediante técnicas que garanticen su correcto tratamiento y, por tanto, la seguridad a la hora de consumirla. Otra de las alternativas que se barajan es la desalinización, aunque el desarrollo de dicha tecnología implica un alto coste energético. Por tanto, su idoneidad debe ser evaluada atendiendo a la economía, el impacto medioambiental y el uso de energía que no impliquen más emisiones de gases de efecto invernadero.

PROCESO DE DESALACIÓN

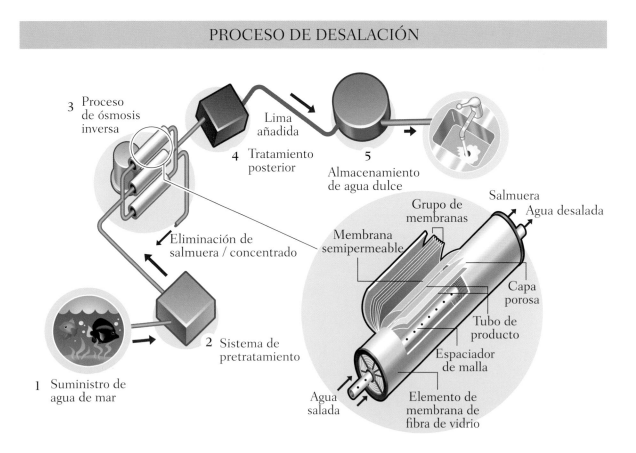

3 Proceso de ósmosis inversa

Lima añadida

4 Tratamiento posterior

5 Almacenamiento de agua dulce

Eliminación de salmuera / concentrado

2 Sistema de pretratamiento

1 Suministro de agua de mar

Grupo de membranas

Membrana semipermeable

Salmuera

Agua desalada

Capa porosa

Tubo de producto

Espaciador de malla

Agua salada

Elemento de membrana de fibra de vidrio

EL SUELO Y SU DEGRADACIÓN

Todos los ecosistemas terrestres utilizan un recurso común como base de su asentamiento: el suelo. Se trata de un elemento muy influyente en las dinámicas de los ecosistemas, por lo que su buen estado de salud es fundamental para que un ecosistema pueda continuar realizando sus funciones. Hay muchos procesos que contribuyen a crear el suelo, como los depósitos de sedimentos en los ríos, pero también hay muchos que contribuyen a su destrucción. Lamentablemente, su degradación es más notable a nivel mundial causando tanto pérdidas en los ecosistemas como pérdidas económicas, y ambas influyen directamente en el ser humano.

Vista panorámica de un terreno al oeste de Panamá, municipio situado en el sur de Brasil, donde puede apreciarse el proceso de erosión acelerado provocado por la agricultura.

La edafología, ciencia encargada del estudio de los suelos, es un área científica transdisciplinar. Esto quiere decir que incluye el estudio de materias muy diversas, como mineralogía, física, química y biología del suelo y sus componentes. Esta gran influencia de tantos factores sobre el suelo, sumado a que sirve de asentamiento de los ecosistemas terrestres, hace que su protección, conservación y recuperación sea especialmente importante.

La degradación del suelo es un proceso degenerativo de su salud. La manera más común y visible de degradación del suelo es la erosión, que es la pérdida de su capa superficial donde se encuentran la mayoría de nutrientes que permiten, por ejemplo, crecer a las plantas. Este proceso se produce de manera natural por la acción del agua o el viento, que rompen el suelo y arrastran las partículas. Sin embargo, es un fenómeno que ha sido acelerado por actividades humanas como la agricultura y la ganadería.

La erosión por la acción del agua representa un grave riesgo, sobre todo en periodo de lluvias intensas. El suelo se satura de agua y, en caso de tener escasa cubierta vegetal que «agarre» con sus raíces el sustrato, el movimiento de tierra aumenta dando lugar a grandes deslizamientos de tierra, que pueden tener asociadas grandes pérdidas humanas y materiales.

La erosión por la acción del viento es más propia de climas áridos y semiáridos donde la fuerza del viento va arrancando y trasladando partículas del suelo. Se suele deber a la pérdida de cubierta vegetal del suelo, ya sea por sobrepastoreo o por la agricultura excesiva.

OTROS PROCESOS DE DEGRADACIÓN DEL SUELO

Además de la erosión, hay otras maneras en las que el suelo puede degradarse:

- **Aumento de la salinidad** por la acumulación de sales en las primeras capas de suelo. Se puede producir por el uso de potasio como fertilizante.

Un suelo que contiene sal hace que las plántulas de arroz mueran.

- **Contaminación química producida por los vertidos no controlados** o el uso excesivo de fertilizantes que el ser humano aplica en sus cultivos.

Río contaminado por residuos plásticos y de otros tipos como los químicos.

- **Pérdida de nutrientes:** los monocultivos y la sobre explotación de la tierra disminuyen claramente la fertilidad del suelo y su productividad.

Vista aérea de un tractor que irriga una plantación de patatas.

- **Urbanización:** cubrir o pavimentar el suelo con productos sintéticos como cemento o asfalto implica su completa desaparición.

Vista transversal del hormigón asfáltico utilizado como pavimento.

EL SUELO REGULA LOS GASES DE EFECTO INVERNADERO

El suelo ayuda a la regulación de los gases con la atmósfera y tiene un papel fundamental en el ciclo de carbono (*véase* El ciclo del carbono, pág. 8) como reservorio, guardando casi el doble de carbono que la atmósfera. Este intercambio de gases del suelo con la atmósfera hace que se regulen principalmente el flujo de tres gases de efecto invernadero:

NO DEBE CONFUNDIRSE LA DESERTIZACIÓN CON LA DESERTIFICACIÓN

La desertización es un proceso evolutivo natural que forma los desiertos sin la intervención humana. Durante miles de años un terreno puede pasar de ser más húmedo y con masa forestal a un desierto árido, como pasó en el Sahara, que pasó de ser una sabana a una zona desértica con alta falta de agua.

Este término suele confundirse con la desertificación, que implica una acción antrópica que hace que una zona fértil pierda su potencial de producción.

Para luchar contra la desertificación y lograr un verdadero desarrollo sostenible se deben unificar fuerzas a nivel internacional, ya que es un problema muy grave que afecta a escala ambiental, social y económica. Según datos de la ONU, en el mundo se ven afectadas por la desertificación más de tres millones de personas.

A nivel mundial se implantan acciones de prevención como medidas de conservación que mantienen productivos los recursos naturales de una manera sostenible y acciones de mitigación, que permiten reducir la degradación del suelo y detener o reducir al máximo su impacto. Sin embargo, son escasas las acciones de rehabilitación del suelo, que se implantan una vez que el suelo está degradado, ya que no es posible volver a su punto original y el suelo queda prácticamente improductivo. Por lo tanto, son necesarias acciones preventivas como la reforestación y la regeneración de zonas arbóreas, una mejor gestión del agua o la fertilización controlada.

Vista del desierto de Arizona, en Estados Unidos. Es un buen ejemplo de desertización, sin intervención del ser humano.

- El **dióxido de carbono** se desprende del suelo gracias a la respiración del suelo, que se debe principalmente a la degradación de la materia orgánica y la respiración de las raíces. Esto hace que sea el segundo flujo de carbono más importante en los ecosistemas, por lo que es muy importante mantener ese flujo de CO_2 de manera constante.

- El **óxido nitroso** se produce de forma natural en los suelos a través de la nitrificación y la desnitrificación, pero su emisión a la atmósfera ha aumentado por la frecuente adición de fertilizantes nitrogenados en la agricultura y residuos de cosechas o poda, de manera que puede decirse que la actividad agrícola es responsable del 40 % del conjunto de las emisiones de óxido nitroso. Es muy importante concienciar sobre los tipos de fertilizantes que se pueden utilizar para reducir las emisiones de este gas de efecto invernadero a la atmósfera.

- El suelo actúa como sumidero de **metano** a través de procesos microbianos que lo transforman en dióxido de carbono, retirando de un 3 % a un 10 % del metano atmosférico. La desaparición

Explotación forestal de pinos cerca de Glencoe, en las Tierras Altas de Escocia, que muestra la sobreexplotación que conduce a la deforestación y de ahí a la desertificación.

de las condiciones de porosidad y el aumento de compactación del suelo provocan que disminuya su capacidad de retener metano. Además, su degradación por parte de las bacterias metanótrofas está muy afectada por la temperatura y la disponibilidad de materia orgánica, oxígeno y agua. Por lo tanto, la pérdida de suelo y sus propiedades afecta directamente a la cantidad de metano en la atmósfera.

LA DESERTIFICACIÓN

Una vez perdidos los nutrientes del suelo, para que vuelva a ser productivo, resulta necesario reponerlos con fertilizantes y materia orgánica, lo que puede suponer una gran inversión monetaria. Si por ese u otros motivos es imposible recuperar ese suelo, se suele abandonar dejando entonces un espacio de suelo sin nutrientes. Este proceso se conoce como desertificación.

Además de los factores naturales por los cuales se produce la desertificación, también las acciones humanas influyen mucho en esta pérdida productiva del suelo con actividades como pueden ser la sobreexplotación de los cultivos y el pastoreo o la misma deforestación.

EL MOVIMIENTO CINTURÓN VERDE

Wangari Maathai, primera mujer africana en recibir el Premio Nobel de la Paz en 2004 y ministra de Medio Ambiente y Recursos Naturales de Kenia, fundó en 1977 el Movimiento Cinturón Verde, un proyecto para repoblar y luchar contra la erosión del suelo y la desertificación en los países en vías de desarrollo.

Este movimiento se basa en el uso del suelo como base de la salud, la economía y el desarrollo local en África, realizando actividades de replantación y de prevención de erosión del suelo y la desertización. Las mujeres reciben pequeños ingresos para cuidar de los árboles hasta que puedan asegurar la reposición de las existencias de leña.

Además, el Movimiento Cinturón Verde lucha por la educación, la seguridad alimentaria, la salud y los derechos, consiguiendo promover la conciencia medioambiental y el desarrollo comunitario de una manera transparente y desde el punto de vista de la conservación del planeta.

Sello postal africano de Wangari Maathai galardonada con el Nobel de la Paz.

LA IMPORTANCIA DE LAS ZONAS FORESTALES

La deforestación se considera como uno de los principales factores que contribuyen al calentamiento global. Dicho término hace referencia a la destrucción de los bosques, o cualquier ecosistema de tipo forestal, con el objetivo de destinar el suelo que lo sustenta a otros fines como la construcción de infraestructuras o las explotaciones agrícolas y ganaderas. Se trata, por tanto, de un aspecto importante a tener en cuenta cuando perseguimos evitar y frenar el cambio climático.

A nivel mundial, los bosques y selvas captan alrededor de 2400 millones de toneladas de CO_2 al año. Sin embargo, para que esta capacidad funcione correctamente, los ecosistemas deben estar intactos. Uno de los impactos que más altera la función de absorción de carbono es la deforestación. Debemos tener en cuenta que dicho efecto también puede producirse sin necesidad de talar totalmente los árboles. Este escenario sucede cuando se lleva a cabo la tala selectiva de árboles, lo cual conlleva la degradación de los ecosistemas al eliminar los ejemplares maduros que contribuyen a la regeneración del bosque.

Alrededor del 20% de las emisiones de carbono totales del mundo proviene de procesos asociados a la deforestación. Se trata de la segunda mayor fuente de emisión de gases de efecto invernadero, detrás del uso de combustibles fósiles. En este caso, la emisión de carbono se produce al quemar la biomasa vegetal y al tener lugar la posterior descomposición de la materia orgánica retenida en dichos ecosistemas.

Los orígenes de la deforestación pueden encontrarse en muchas partes. Generalmente, la tala de árboles se produce para reutilizar el suelo con otra función o para la venta de la madera. Los incendios forestales también pueden contribuir a dicho proceso, además de ser otra fuente de emisiones de carbono (*véase* El papel de los incendios forestales, pág. 76). Sin embargo, la principal causa debemos buscarla en la agricultura y la ganadería, tanto para despejar las tierras para pastoreo como para producir el alimento del ganado.

En resumen, podemos decir que la deforestación tiene el impacto de ralentizar el ciclo del carbono. Cuando una región ha sido deforestada, pierde gran parte de su capacidad de secuestrar carbono. Esto se debe a que, aunque los cultivos están compuestos también por vegetación, tienen un rendimiento de secuestro de carbono mucho menor que los ecosistemas sanos. Dicho efecto también se produce cuando el sistema ha sido degradado, hecho que además hace que sean más vulnerables a las consecuencias del cambio climático. Esto se debe a la retroalimentación mediante la cual al eliminar los árboles aumenta la temperatura, lo que conlleva la muerte de más árboles y la desaparición de las zonas boscosas.

También debemos tener en cuenta las consecuencias que la pérdida de árboles tienen sobre la dinámica del suelo. A medida que se desarrolla un ecosistema, los suelos también funcionan como sumideros al capturar el carbono en forma de materia orgánica. Sin una cubierta vegetal que proteja el suelo, la erosión y la degradación de la materia orgánica tiene como resultado la liberación de gases de efecto invernadero como el dióxido de carbono y el metano (*véase* El suelo y su degradación, pág. 38).

Se estima que los bosques y selvas cubren un 31 % de toda la superficie terrestre de la Tierra. Sin embargo, estos ecosistemas se encuentran en re-gresión en muchas partes del mundo debido a la deforestación. Actualmente la deforestación está concentrada en las regiones tropicales, lo cual supone un grave problema, ya que en estas zonas se encuentra una rica biodiversidad. Las zonas forestales más importantes del mundo y, por tanto, las que mayor capacidad tienen para retener carbono, son las selvas de la cuenca del Amazonas y de África Central. Concretamente, la selva amazónica abarca unos 5 500 000 km², territorio que en su mayoría está gestionado por Brasil. Dicha cifra representa más de la mitad de las selvas tropicales que aún se mantienen en el planeta. Según algunas estimaciones, en esta región habría unos 390 mil millones de árboles. Sin embargo, desde la década de 1970 hasta el año 2018 la selva amazónica ha perdido alrededor de un 17 % de su superficie debido a la deforestación.

EFECTOS DE LA DEFORESTACIÓN

El esquema representa visualmente los diversos efectos de la pérdida de cubierta forestal, que finalmente se resumen en uno: calentamiento global.

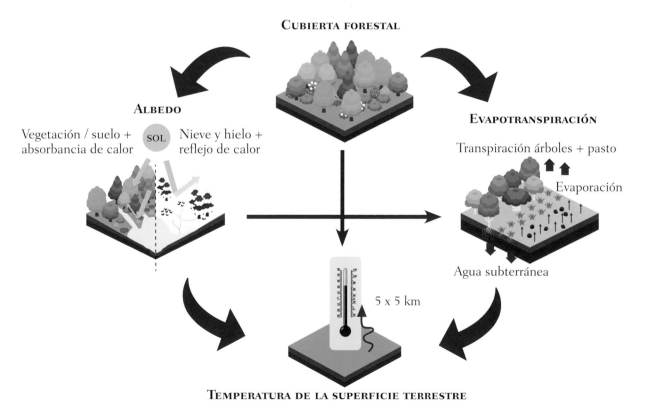

Vista panorámica aérea de unas colinas que han sido reforestadas, quizá tras un incendio.

La deforestación de la selva amazónica se inició al establecerse en la región explotaciones ganaderas y agrícolas. Sin embargo, dado que los suelos de la selva suelen ser pobres, los agricultores y ganaderos se han visto obligados a ocupar más tierra, aumentando así el impacto medioambiental sobre la región. Se teme que la situación lleve a estos ecosistemas a un punto de inflexión en el que se pase de un ecosistema forestal a una sabana degradada. Dicha situación tendrá un profundo impacto sobre la biodiversidad de la región y las sociedades que dependen de ellas, pero también sobre su fundamental papel a la hora de absorber CO_2.

EL PAPEL DE LA REFORESTACIÓN EN LA LUCHA CONTRA EL CAMBIO CLIMÁTICO

Debido a las múltiples implicaciones de la deforestación, han surgido diferentes programas destinados a la reforestación de los bosques y selvas. A este respecto, el IPCC ha señalado que estos ecosistemas pueden ser una gran herramienta para luchar contra el cambio climático.

Debemos tener en cuenta que el término reforestación se refiere a aquellas acciones destinadas a recuperar los bosques o aquellas zonas que anteriormente estaban cubiertas por bosques. Sin embargo, la forestación consiste en plantar árboles allí donde no había cobertura arbórea previa. Dicha distinción es importante porque aunque nuestro objetivo persiga la captación de CO_2 debemos respetar también la existencia de ecosistemas complejos pero sin árboles, como pueden ser las sabanas africanas o los diferentes tipos de praderas que encontramos a lo largo de la Tierra.

Es importante que los pastos y las sabanas naturales no sean vistos como la consecuencia de la degradación. Estas regiones presentan su propio funcionamiento y una biodiversidad única, además de ser el sustento de diferentes sociedades humanas. Por tanto, las acciones de forestación deben ser llevadas a cabo en base a criterios científicos. A este respecto, una opción puede ser recuperar tierras de cultivo o aprovechar los entornos urbanos.

La reforestación también puede presentar algunos inconvenientes. Desde que se realiza la plantación de los árboles hasta que el bosque realmente cumple con sus funciones de sumidero de CO_2, pueden pasar décadas. Otra de las cuestiones a tener en cuenta es el elevado coste económico de las plantaciones. Además, si la acción no se guía de forma correcta, existe el riesgo de que el bosque acabe degradado o sea más propenso a sufrir un incendio forestal.

Por tanto, la reforestación debe ser entendida como una técnica que nos permite restaurar ecosistemas degradados, no como la receta final para combatir

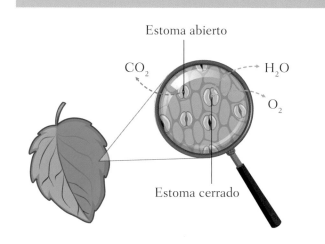

el cambio climático. Gracias a su cometido, ayudaremos a evitar la pérdida de biodiversidad, la erosión y los diversos impactos medioambientales sobre diversos ecosistemas. Así que, en cuanto a ecosistemas forestales, su protección debe ser considerada como la forma más eficiente y rentable para luchar contra el cambio climático. Un bosque bien conservado, y gestionado, tendrá una buena regeneración y, por tanto, podrá crear la suficiente biomasa como para almacenar carbono.

¿QUÉ SON LOS ESTOMAS?

Mediante el proceso bioquímico conocido como fotosíntesis, las plantas toman dióxido de carbono atmosférico para crear moléculas necesarias para la vida. Por ello son consideradas como sumideros naturales de carbono y convierte a las grandes formaciones vegetales, como las selvas o los bosques, en agentes importantes en la dinámica del clima mundial (*véase* ciclo del carbono, pág. 8).

El crecimiento de las plantas se traduce en la acumulación de biomasa vegetal. Por tanto, cuanto mayor sea la densidad de biomasa de árboles de un ecosistema, mayor será la cantidad de carbono que está acumulando dicho sistema. Esta acción es realizada gracias al trabajo de los estomas, los cuales consisten en unos poros localizados en la epidermis de las hojas y otras partes de las plantas. Dichas estructuras se encargan de controlar el intercambio gaseoso mediante el cual las plantas toman del aire el dióxido de carbono utilizado en la fotosíntesis, pero también

el oxígeno para su respiración. Además, a través de ellos se libera el oxígeno producido en la fotosíntesis y el vapor de agua, mediante el fenómeno conocido como evapotranspiración.

Cuando los niveles de CO_2 atmosférico son elevados, las plantas reducen la densidad de sus estomas, con el objetivo de disminuir la cantidad de energía necesaria para realizar el intercambio de gases, ya que hay más presencia de este gas en el aire. A primera vista puede parecer beneficioso para la planta, puesto que utilizarán menos energía y perderán menos agua. Sin embargo, disminuir el número de estomas también implica que las plantas tengan menor capacidad para enfriar sus hojas durante una ola de calor. Por lo tanto, puede verse desregulada su capacidad fotosintética y, en consecuencia, será afectada el rendimiento de los ecosistemas naturales o de la agricultura.

El estudio arqueológico de estas pequeñas estructuras también nos ha aportado datos sobre el nivel de CO_2 en el pasado. Por ejemplo, en la cultura egipcia el olivo simbolizaba bendición y purificación, por lo que no era de extrañar que encontrasen hojas de olivo como adorno funerario en la tumba del emperador Tutankamón. Cuál fue la sorpresa del equipo que investigó dichas hojas de olivo de la tumba cuando se dieron cuenta de que, a pesar de ser la misma especie, eran diferentes a las del olivo actual: las de la tumba tenían un 50% más de estomas. Esas hojas de olivo del 1327 a.C. mostraban cómo antes la cantidad de CO_2 atmosférico era mucho menor.

ESTRUCTURA DE LOS ESTOMAS

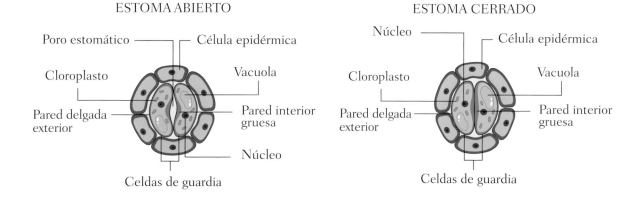

ESTOMA ABIERTO

Poro estomático — Célula epidérmica
Cloroplasto — Vacuola
Pared delgada exterior — Pared interior gruesa
Núcleo
Celdas de guardia

ESTOMA CERRADO

Núcleo — Célula epidérmica
Cloroplasto — Vacuola
Pared delgada exterior — Pared interior gruesa
Celdas de guardia

LA TEMPERATURA DE LOS OCÉANOS

A lo largo de la Tierra, la temperatura del agua de los océanos depende de parámetros como la profundidad, la latitud o la influencia de las corrientes marinas. Dichas características físicas han sido estudiadas y registradas con el objetivo de tener un mejor conocimiento del medio ambiente que nos rodea. En la actualidad, la comunidad científica tiene cada vez más información sobre los océanos gracias al uso de los avances tecnológicos, lo que ha permitido documentar el incremento de temperatura en estas regiones debido al cambio climático.

El programa Argo es un proyecto internacional que cuenta con casi 4000 flotadores, una especie de sonda de entre 20 y 30 kg cada una, repartidos por todo el mundo. Dichos flotadores se encuentran sumergidos a una profundidad de 1000 metros, pero cada 10 días se desplazan hasta los 2000 metros de profundidad para luego ascender hacia la superficie. Durante el trayecto, registran datos como la presión o la temperatura del agua, entre otros. De esta forma, podemos conocer cómo el cambio climático está alterando los océanos de todo el planeta.

Gracias a las mediciones realizadas por la comunidad científica podemos asegurar que, tanto los mares como los océanos, se están viendo muy afectados por el cambio climático, al igual que las regiones situadas en los continentes e islas. Esto se debe a las mismas propiedades físicas del agua, que permiten a este elemento absorber grandes cantidades de calor. De esta manera, esta característica o peculiaridad ha supuesto que en la actualidad los océanos ya hayan sido capaces de absorber el 93 % del calor generado por el calentamiento global.

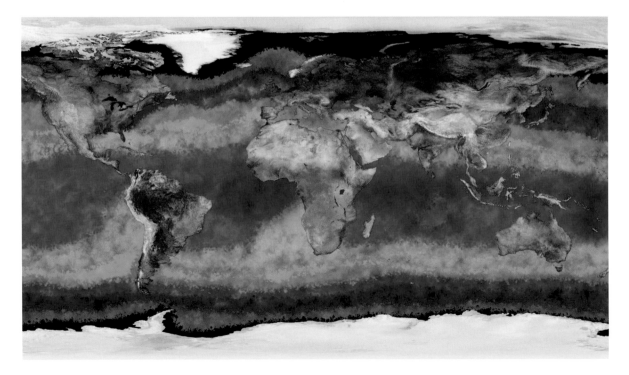

Mapa coloreado del calentamiento atmosférico aplicado en la superficie del agua de la Tierra.

El ártico es uno de los lugares donde se ha registrado un mayor aumento de la temperatura, lo cual se traduce en una continua pérdida de hielo. Las consecuencias de estos efectos se traducen en importantes impactos para los ecosistemas árticos y las economías, tanto nacionales como locales, que dependen de ellos. Sin embargo, cabe destacar que el calentamiento no se produce de forma homogénea, sino que ocurre con más intensidad en lugares situados más al sur, como el mar de Barents o el mar de Kara.

El mar de Barents, que se encuentra ante las costas de Rusia y Noruega, es considerado como la puerta de entrada al océano Ártico. Este mar puede dividirse en dos regiones. La parte sur es una zona más cálida y está influenciada por el clima del océano Atlántico. Por contra, en el norte nos encontramos con temperaturas más frías y unas condiciones dominadas por el hielo estacional proveniente del océano Ártico. Esta última característica es fundamental para el mantenimiento de los ecosistemas marinos. Esto se debe a que al producirse el deshielo, durante los meses más cálidos, se crea una capa de agua más dulce en la superficie del mar. Al ser menos densa esta agua, se mantiene en la parte superior favoreciendo la estratificación de la columna de agua. De esta manera, las aguas más frías permanecen arriba y las más cálidas, que provienen del Atlántico, se quedan abajo.

Esta dinámica que gobierna el mar de Barents permite la proliferación de fitoplancton, un conjunto de microorganismos acuáticos capaces de realizar fotosíntesis a partir de la luz solar, los cuales son una parte fundamental de la cadena trófica marina. Gracias a ello, los organismos que forman el zooplancton y el krill pueden alimentarse, pasando después ellos mismos a ser comidos por otros animales como peces y ballenas. De esta forma, se conforma una cadena trófica que integra un ecosistema propio de la región y el cual supone un importante recurso pesquero para las sociedades del lugar. En esta zona podemos encontrar grandes poblaciones de bacalao (*Gadus*

Mapa del océano Ártico con el Polo Norte y el Círculo Polar Ártico sin hielo marino.

morhua), eglefino (*Melanogrammus aeglefinus)* y capelán (*Mallotus villosus).* Dichas especies son de vital importancia para la economía de algunas poblaciones noruegas y rusas.

Sin embargo, desde el año 2000, el mar de Barents se ha calentado alrededor de 1 °C. Esta es una consecuencia directa del cambio climático. Además, la influencia del hielo estacional que procede del ártico es cada vez menor. Esto supone que la cantidad de agua dulce que llega del deshielo sea menor y, por tanto, se rompe la estructura de la columna de agua. De esta forma, el agua superficial se acaba mezclando con aquella que proviene del atlántico, volviéndose más caliente y salada. Por todo ello, se dice que debido al calentamiento global, el mar de Barents se está convirtiendo en el océano Atlántico. La comunidad científica cree que esta región pronto será una prolongación de dicho océano. Dentro de este escenario, los ecosistemas que dependen de las condiciones iniciales se enfrentan a la desaparición o podrían trasladarse hacia el norte, donde aún se mantienen las características que necesitan para funcionar.

EL IMPACTO DE LAS OLAS DE CALOR MARINAS

Las olas de calor marinas se producen cuando las aguas superficiales se calientan debido a una mayor temperatura atmosférica, la falta de nubes o fenómenos como El Niño, entre otros factores. Este cambio repentino en la temperatura de los mares y océanos tiene un impacto directo sobre sus ecosistemas y especies y, por tanto, afectan a la economía de los países costeros o las sociedades que dependen de estos recursos.

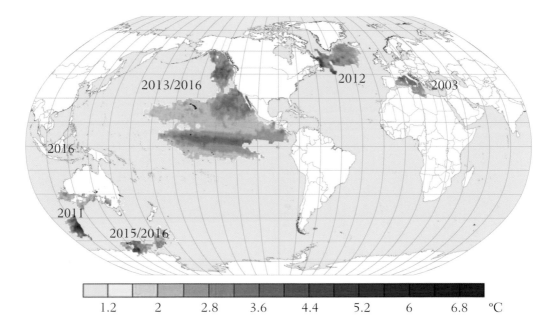

Una de las primeras olas de calor marinas registrada tuvo lugar en el mar Mediterráneo. Durante el verano del año 2003, las temperaturas de dicha región aumentaron haciendo que el agua superficial se encontrase entre 2 y 3 °C más cálida de lo normal. También tuvieron lugar otras olas de calor marinas en los años 1999, 2006 y 2008. Los efectos de estos acontecimientos fueron la extinción local de especies, la destrucción de los hábitats asociadas a ellas y el posterior asentamiento de especies exóticas o que habían migrado desde regiones tropicales (*véase* La migración de especies marinas, pág. 50).

En el mar Mediterráneo, preocupa mucho el impacto que dichos fenómenos tienen sobre las praderas marinas creadas por la especie *Posidonia oceanica*. Los ecosistemas que esta planta es capaz de crear juegan un papel importante en el mantenimiento de otras especies, pero además, estas praderas son un importante sumidero de CO_2 y ayudan a la protección de la costa al disminuir la fuerza del oleaje.

Las olas de calor marinas también están siendo registradas en otros lugares. En 2013 y 2016, una gran masa de agua más cálida de lo normal se mantuvo frente a las costas del océano Pacífico en Norteamérica. Este evento fue conocido como *The Blob* y disminuyó la cantidad disponible de nutrientes y oxígeno disuelto para las especies. Así, el crecimiento del fitoplancton fue menor, afectando al resto de la cadena trófica, desde el krill hasta las ballenas.

Como consecuencia del cambio climático, la duración de las olas de calor marinas registradas en todo el mundo es cada vez mayor. También se están produciendo con una mayor frecuencia. Según el IPCC, existe una alta probabilidad de que tengan un mayor impacto en el futuro, teniendo un efecto en superficies cada vez más grandes. Por tanto, las consecuencias para las especies y los ecosistemas serán cada vez más importantes, puesto que no contarán con tiempo suficiente para regenerar sus poblaciones o alcanzar el correcto funcionamiento ecosistémico.

HIPOXIA Y CAMBIO CLIMÁTICO

La hipoxia, o baja concentración de oxígeno disuelto, es un impacto medioambiental que está asociado a la contaminación con nutrientes de los ecosistemas marinos. Estos contaminantes provienen en su mayoría de los fertilizantes usados en la agricultura y de los desechos generados por las actividades ganaderas. Pero la hipoxia también puede ser favorecida por el cambio climático. Esto se debe a que el agua más caliente retiene menos oxígeno. Por ello, solo las capas superficiales, que están en contacto con la atmósfera, serán las que mantengan unas condiciones ideales para ciertas especies, las cuales deberán abandonar las zonas más profundas. En algunas regiones, la concentración de oxígeno es tan baja que la gran mayoría de los organismos mueren, creándose así lo que se conoce como una zona muerta.

Según un informe de la Unión Internacional para la Conservación de la Naturaleza (UICN), publicado en el año 2019, la desoxigenación oceánica es un evento que se está extendiendo a nivel global. En la actualidad, en todo el mundo hay registradas 700 zonas con bajas concentraciones de oxígeno. En comparación, en el año 1960 solo se contabilizaban 45. En el año 2018 se localizó en el mar de Arabia una de las regiones muertas de mayor tamaño, la cual se estimaba que alcanzaba el tamaño de Florida.

La hipoxia tiene un impacto directo sobre los recursos pesqueros. Especies como el bacalao se vuelven más pequeñas y escuálidas y, por tanto, tendrán un menor valor para su venta. Otros animales, por ejemplo los tiburones y atunes, deberán permanecer en las aguas superficiales para poder respirar. Esta limitación de movimiento por el medio marino expondrá a estos peces aún más a la sobrepesca. Por otra parte, las bajas concentraciones de oxígeno favorecerán el crecimiento de especies con menos interés comercial, este es el caso de las medusas, además de la proliferación de bacterias.

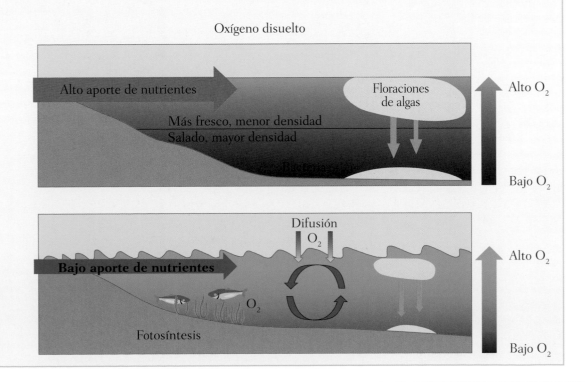

LA MIGRACIÓN DE ESPECIES MARINAS

A lo largo de la Tierra, las especies marinas se distribuyen según las propiedades medioambientales que sus adaptaciones les permiten soportar. Estas características determinan que ciertos animales puedan habitar en algunas regiones, a la vez que ven limitada su distribución si las condiciones no les son favorables. Por tanto, las transformaciones inducidas por el cambio climático harán que dichas especies deban migrar para encontrar nuevas zonas donde sobrevivir.

La migración de organismos marinos debido al cambio climático es ya una realidad y supondrá cambios ecológicos y sociales. Por ejemplo, las cadenas tróficas que dependen del hielo polar se caracterizan por tener pocas especies. La mayoría de ellas son bentónicas y se sustentan con el fitoplancton que crece sobre el hielo sumergido. Sin embargo, en las redes tróficas sin hielo predominan los animales generalistas, que controlan a depredadores menores y herbívoros. La aparición de estas especies en las regiones polares supondrá la modificación de los ecosistemas.

Esta realidad implica que el cambio climático también está teniendo un impacto sobre los recursos pesqueros En lugares como el golfo de Maine, en la costa atlántica de Norteamérica, se ha constatado la disminución de las poblaciones de bacalao. Además de la sobrepesca, se cree que esto se debe al aumento de las temperaturas del agua, asociado a un fenómeno climático conocido como Oscilación del Atlántico Norte (NAO). Se trata de un evento periódico, que causa el aumento de la temperatura del océano y que provoca una menor supervivencia de las larvas de peces como el bacalao. La comunidad científica estima que con el cambio climático este tipo de sucesos serán más frecuentes y de mayor intensidad. Por ello, el bacalao se está trasladando a aguas más frías que se encuentran en Canadá, Noruega o Groenlandia. Esta migración se está produciendo a un ritmo de 30 km por década. Debido a ello, la especie desaparecerá de su distribución más al sur, como por ejemplo, de las costas de California.

La migración también se está produciendo en otras especies comerciales. Los calamares de Humboldt (*Dosidicus gigas*), un importante recurso que se concentra en las costas del océano Pacífico de América del sur y central, es cada vez más frecuente en aguas del norte. Otras especies de calamares del océano Atlántico se han convertido en una nueva fuente de ingresos para pescadores de Reino Unido. En el pa-

REPRESENTACIÓN DE LA MIGRACIÓN MARINA

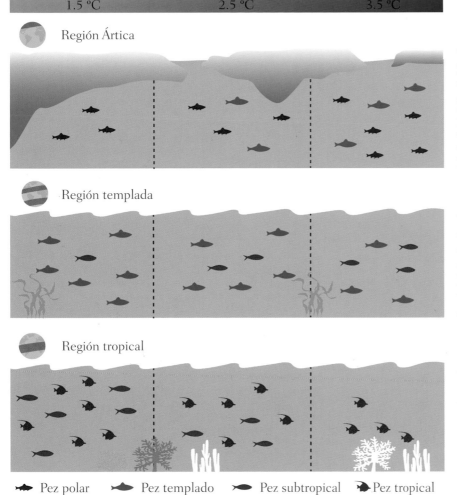

1.5 °C   2.5 °C   3.5 °C

Región Ártica

Con el calentamiento y la desaparición del hielo marino se crearán nuevos hábitats árticos para las especies templadas que migrarán desde latitudes más bajas.

Región templada

En cambio, en la región templada, los peces subtropicales migrarán cuando los hábitats sean demasiado cálidos para las poblaciones de peces templadas de importancia comercial hoy.

Región tropical

El creciente calentamiento en los trópicos dará como resultado la migración de peces a condiciones más adecuadas en aguas más profundas y más cerca de los polos.

Pez polar   Pez templado   Pez subtropical   Pez tropical

sado, su pesca era ocasional, pero actualmente se capturan miles de toneladas. Lo mismo sucede con el atún rojo *(Thunnus thynnus)*, el atún blanco *(Thunnus alalunga)* y la caballa *(Scomber scombrus)*. Esta última se está trasladando a las costas de la Columbia Británica o al golfo de Alaska. En las regiones subtropicales, tras un estudio que abarca registros de 40 años, se constató la variación en su distribución de sardinas *(Sardina pilchardus)*, boquerones *(Engraulis encrasicolus)*, jureles *(Trachurus trachurus)* y caballas desde las zonas subtropicales al norte. Incluso han aparecido en el mar Báltico. Estos peces son de gran importancia para la economía de zonas como el golfo de Vizcaya, donde se pesca el boquerón.

Por otra parte, se prevé que para 2050 muchas especies con interés comercial desaparezcan de las regiones tropicales. A diferencia de las zonas más al norte, dichos lugares no contarán con especies de peces que reemplacen a las que se han ido. Esto supondrá un grave problema para las economías de las poblaciones costeras de regiones como el noroeste de África, las cuales se quedarían sin recursos para subsistir. En otros lugares del planeta se esperan los mismos efectos. Por ejemplo, en Bangladesh el 60% de la proteína consumida proviene de los peces. Se teme que el cambio climático tenga un gran impacto sobre las poblaciones de especies claves, como el ilish *(Tenualosa ilisha)* o el bummalo *(Harpadon nehereus)*.

¿POR QUÉ SE ACIDIFICAN LOS OCÉANOS?

La liberación de dióxido de carbono también está asociada con otro impacto medioambiental menos conocido que el calentamiento global. A medida que se acumula en la atmósfera, parte del CO_2 es absorbido por los océanos produciendo la acidificación de los mismos. Dicho fenómeno está alterando la química de los ambientes marinos, lo que tiene importantes consecuencias para las especies que dependen de estas condiciones para un correcto funcionamiento de su biología.

A lo largo de la Tierra, el carbono se moviliza pasando por diferentes sistemas como la atmósfera, la hidrosfera o la biosfera. Dicho movimiento está enmarcado dentro del conocido como ciclo del carbono, el cual supone una serie de eventos clave para el mantenimiento de la vida en el planeta. De esta forma, este elemento es reciclado mediante procesos de secuestro y liberación de carbono (*véase* El ciclo del carbono, pág. 8).

El carbono presente en la atmósfera puede entrar a formar parte de los océanos al disolverse en las capas superficiales. Gracias al movimiento de las corrientes marinas, dicho elemento es transportado hacia las regiones oceánicas profundas. Por este motivo se dice que los océanos son la mayor reserva de carbono del mundo.

Para que el carbono ingrese al océano, el dióxido de carbono situado en la atmósfera debe disolverse generando así carbonatos, que serán usados por los organismos fotosintéticos para crear moléculas. De esta manera, el elemento pasa a formar parte de la cadena trófica. Cuando los organismos mueren, dicho carbono precipita junto con el resto de la materia orgánica y se acumula en las capas más profundas de los sistemas oceánicos. Finalmente, puede volver a la superficie a través del efecto de la circulación termohalina o los procesos geológicos que abarcan una amplia escala temporal.

Por tanto, la absorción del dióxido de carbono por parte de los océanos ayuda a limitar su concentración en la atmósfera. Es decir, se trata de un sistema que compensa las emisiones de carbono originadas por el ser humano. Se estima que los océanos han absorbido aproximadamente el 30 % del dióxido de carbono producido de forma antropogénica. Según el Panel Intergubernamental del Cambio Climático, estos cambios en la química de los sistemas oceánicos no tienen precedentes en los últimos 65 millones de años.

Pero dicho sistema tiene también consecuencias negativas, ya que a medida que se incorpora dióxido de carbono se produce la acidificación de los océanos. Como veremos a continuación, este proceso tiene importantes consecuencias para la vida marina y las sociedades humanas que dependen de ella.

La medida del pH de un líquido nos indica si estamos tratando con una sustancia básica o ácida. Dicha magnitud nos aporta información sobre la concentración de iones de hidrógeno que hay en una disolución. Para su estudio, se ha establecido una escala que va desde pH 0, considerado como lo más ácido, a pH 14 que sería lo más básico. Un valor de pH 7 es considerado como neutro. Un par de ejemplos de nuestra vida cotidiana pueden ser el zumo de limón, con pH 2, como ácido y la lejía, con pH 13, como básico.

Atendiendo a esta magnitud, el agua de mar se considera ligeramente básica, ya que su pH es de 8. Dicha propiedad es vital para la vida ya que permite una serie de reacciones químicas necesarias para muchos organismos. Una de las más importantes es la creación de conchas o estructuras de carbonato cálcico, las cuales son construidas gracias a la presencia de calcio (Ca) y carbonato (CO_3^{2-}) en el agua. Pero para que este proceso se lleve a cabo, es necesario que ambos elementos estén disponibles a altas concentraciones. Esto es lo que sucede en las regiones más superficiales de los mares y océanos, pero en las aguas más profundas dicha concentración es baja. Debido a esta característica, las especies con conchas o esqueletos de carbonato cálcico sufren en estas zonas la disolución de sus estructuras. Gracias a este ciclo natural, tanto el calcio como el carbonato que acaba en estos lugares se recicla y queda a disposición de otros organismos cuando es transportado a capas superiores.

Sin embargo, debido a la absorción de dióxido de carbono, que recordemos acidifica los océanos, este sistema se está viendo alterado. El pH del agua superficial de los océanos abiertos está disminuyendo entre 0.017 y 0.027 unidades de pH por década desde la década de 1980. Se estima que más del 95% de los océanos han sido afectados en mayor o menor grado. A medida que avanza

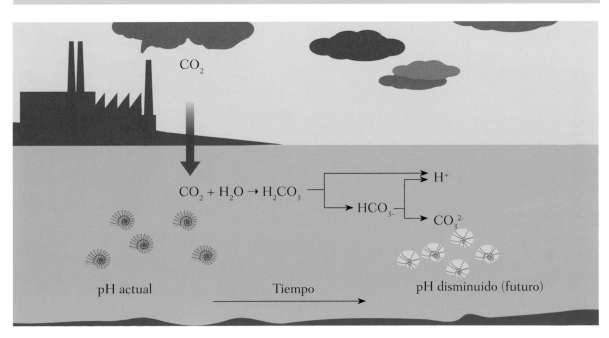

PROCESO DE ACIDIFICACIÓN DE LOS OCÉANOS

CO_2

$CO_2 + H_2O \rightarrow H_2CO_3$

H^+

HCO_3^-

CO_3^{2-}

pH actual

Tiempo

pH disminuido (futuro)

La acidificación de los océanos tiene un efecto perjudicial sobre la vida marina. Los *pterópodos*, pequeños caracoles marinos conocidos como «mariposas marinas», son una especie particularmente vulnerable, y se han observado daños en su caparazón en partes del océano Ártico y Austral. Fotografía de NOAA.

bonato, haciendo que esté menos concentrado y, por tanto, dificultando la construcción de conchas y otros tipos de estructuras. Al igual que sucede en las regiones más profundas de los océanos, esta situación juega en contra de la vida marina al favorecer la disolución del carbonato cálcico.

dicho impacto, los mares se acercan más al punto de pH 7 o neutro. Esta pequeña variación tendrá consecuencias a gran escala para la química y la vida marina. Cuando el dióxido de carbono entra en los océanos, reacciona con las moléculas de agua originando ácido carbónico (H_2CO_3). Posteriormente, dicho producto se divide en iones de bicarbonato (HCO_3) e iones de hidrógeno. Estos últimos reducen el pH del agua y se unen al car-

Ante este escenario, el modo de vida de animales marinos como los corales, las esponjas o moluscos se verá alterado. Su supervivencia dependerá de la capacidad que posean para adaptarse a las nuevas condiciones o las posibilidades para habitar en regiones menos alteradas. Por tanto, la acidificación de los océanos es un problema medioambiental global, que acompaña al cambio climático, y cuyos efectos se transmitirán a lo largo de los ecosistemas y de las sociedades humanas.

pH del océano en 1850   pH del océano en 2100

Acidificación oceánica (pH)

7,1   7,7   8,3

Estas dos imágenes muestran los niveles de pH preindustriales, en 1850, y los niveles de pH previstos para 2100, según la Organización de las Naciones Unidas para la Educación, la Ciencia y la Cultura. Comisión Oceanográfica Intergubernamental.

¿QUÉ ES EL BLANQUEO DEL CORAL?

Aunque pueden localizarse en otras regiones del planeta, la gran mayoría de los arrecifes de coral se encuentran a poca profundidad en aguas marinas tropicales. En su totalidad, no ocupan más del 0,1 % de la superficie oceánica del mundo. Sin embargo, estas formaciones suponen la base para un rico ecosistema que es el hogar de, al menos, el 25 % de todas las especies marinas existentes. Entre los servicios ecosistémicos que aportan podemos mencionar la protección de la costa o el beneficio económico directo a través de la pesca o el turismo.

Los corales son animales marinos pertenecientes al mismo grupo taxonómico que las medusas. La mayoría de ellos viven en colonias conformadas por cientos de pólipos. Estos organismos pueden construir un esqueleto hecho a base de carbonato cálcico, el cual supone la base para el establecimiento de un ecosistema único conocido como arrecifes de coral. Las especies que generan dichas formaciones deben su éxito a unos microorganismos, llamados zooxantelas, con los que mantienen una relación simbiótica. Estos seres unicelulares viven dentro de los tejidos de los corales y les confieren una coloración marrón, rojiza o anaranjada.

Las zooxantelas proveen al coral de nutrientes gracias a que son capaces de realizar la fotosíntesis. Por otra parte, dichos microorganismos obtienen los elementos que necesitan para vivir. Sin embargo, esta relación puede romperse si las condiciones ambientales se vuelven adversas o el coral sufre algún tipo de estrés. En esos casos, estos animales pierden las

zooxantelas y se vuelven de un color blanco, produciéndose el proceso conocido como decoloración o blanqueo del coral. Dado que dicha simbiosis proporciona la gran mayoría del alimento a estos animales, este proceso desemboca en la muerte del coral por hambre.

Las causas del blanqueo del coral pueden ser varias. Algunas de ellas son la falta de oxígeno, la acidificación de los océanos, el aumento de la turbidez del agua, que actúa bloqueando la luz solar, o infecciones, las cuales derivan en diversas enfermedades así como los efectos de contaminantes y desastres naturales como los vertidos de petróleo. Sin embargo, el motivo más importante es el aumento de las temperaturas del mar propiciado por el calentamiento global.

Si dichas perturbaciones suceden en un periodo corto de tiempo, los corales pueden recuperarse tras sufrir la decoloración. En este caso, las zooxantelas volverán a integrarse en sus tejidos poniendo en marcha de nuevo la simbiosis. Pero si el impacto es demasiado prolongado, el arrecife de coral acabará colapsando al ser destruidas las estructuras de carbonato cálcico.

La Gran Barrera de Coral es famosa por ser el arrecife de coral más grande del planeta, que incluso puede observarse desde el espacio exterior. Situada frente a las costas de Queensland, en Australia, se extiende por más de 2300 kilómetros y ocupa un área de 344400 km². Está compuesta por unas 900 islas y cerca de 3000 arrecifes individuales. Además de otros impactos ambientales, como la sobrepesca o la destrucción de hábitats, esta región ha sido afectada por diversos eventos de blanqueos masivos. El primero en ser registrado ocurrió en 1998 y estuvo asociado al fenómeno de El Niño, del que ya hemos hablado. Dicho evento tuvo un alcance mundial llegando a matar al 16% de los arrecifes de coral del mundo.

Posteriormente, la Gran Barrera de Coral sufrió otro evento de decoloración masiva en 2002, asociado a una ola de calor que aumentó la temperatura del agua. Durante los años 2016 y 2017 sucedieron dos episodios más, los cuales estuvieron de nuevo relacionados con El Niño y resultaron ser de larga duración. A nivel mundial, esos años se vieron afectados al menos el 70% de los arrecifes de coral de todo el mundo.

El quinto evento de blanqueo masivo sufrido por la Gran Barrera de Coral sucedió a principios de 2020. Fue uno de los peores, ya que perjudicó a grandes extensiones. Debido al cambio climático, dichos acontecimientos se sucederán cada vez con mayor frecuencia, incluso se podría registrar uno por año. En este escenario, los corales están ante una alarmante amenaza y, por tanto, también los ecosistemas y sociedades que dependen de ellos. La recuperación de los arrecifes se produce a una escala temporal más lenta, que puede demorarse por más de 15 años.

PROCESO DEL BLANQUEO DEL CORAL

SALUDABLE

Los corales y las algas tienen una relación simbiótica, lo que quiere decir que dependen el uno del otro para sobrevivir: las algas son el alimento del coral y la fuente de su color.

ESTRESADO

El aumento de la temperatura del océano por el cambio climático y la contaminación ejercen presión sobre esta relación especial y las algas abandonan el tejido coralino.

BLANQUEADO

El coral se vuelve blanco cuando las algas van haciéndolo más débil y más susceptible a enfermedades. Así, el coral muere lentamente sin su fuente de alimento.

¿CÓMO RESTAURAR UN ARRECIFE DE CORAL?

Según los expertos que participaron en la conferencia mundial sobre biodiversidad DIVERSITA, celebrada en Ciudad del Cabo en 2009, una sola hectárea de arrecife de coral aporta una serie de servicios valorados en unos 130 000 dólares estadounidenses anuales, de promedio. Aunque esta cifra podría ascender hasta 1,2 millones de dólares estadounidenses anuales. Dichos beneficios engloban aspectos como la alimentación, la recolección de materias primas, la regulación climática, la protección frente a fenómenos meteorológicos extremos, la purificación del agua, el soporte de biodiversidad y la importancia cultural.

Sin embargo, los diversos impactos antrópicos, encabezados por el cambio climático y la acidificación de los océanos, están poniendo en un serio aprieto a los arrecifes de coral. Por ello, se están llevando a cabo diversos proyectos destinados a la protección de estos fabulosos ecosistemas. Pero dado que dichas especies viven en el ambiente marino, es difícil trazar un plan para su conservación.

Una de las herramientas más prometedoras es la conocida como acuicultura o jardinería de corales, que consiste en el cultivo de estos animales. Para ello, se toman trozos de las colonias salvajes, aprovechando su capacidad para reproducirse de forma asexual, que luego se mantendrán en laboratorios o viveros especializados. Otra opción se basa en recoger sus larvas, las cuales se encuentran flotando en el agua.

Posteriormente, cuando los corales alcancen el tamaño deseado, serán transportados hacia los arrecifes que se pretenden restaurar. A fin de ayudar en este paso, suelen utilizarse estructuras artificiales sobre las que crecerán las colonias. Todos estos pasos suponen recopilar información e investigar sobre la biología de estos organismos.

Debido a su lento crecimiento, no todas las especies podrán beneficiarse de esta estrategia. Por ello, se están probando otros enfoques como la técnica de evolución asistida. Dicho método consiste en impulsar la adaptación de los corales, a través de la reproducción selectiva o la mejora de sus simbiontes, para que puedan hacer frente a las condiciones del calentamiento global. Aunque antes de ser llevados a la naturaleza, se deben analizar sus posibles impactos ecológicos, económicos y sociales.

A pesar de todos los esfuerzos, el Panel Intergubernamental del Cambio Climático advierte que estas medidas tendrán una eficacia limitada si no se toman medidas rápidas, tanto para controlar el calentamiento como la acidificación de los océanos.

Procesos de plantación de corales artificiales. Es la forma de propagación más rápida del coral desde la costa hasta el océano natural.

LA CAPA DE HIELO DE GROENLANDIA

Groenlandia es considerada como la isla más grande del mundo. La gran mayoría de su superficie, con un área total de 2 166 086 km², está cubierta por una extensa y gruesa capa de hielo, la cual resulta ser la segunda más grande del mundo después de la que podemos encontrar en la Antártida. Concretamente, la capa de hielo se extiende por unos 1 755 637 km², lo que equivale a cerca del 80 % de la superficie de la región. En cuanto a su espesor, es de 2 km, aunque en algunas zonas llega a superar los 3 km.

calentamiento global. De esta forma, las diferentes pruebas están permitiendo la elaboración de modelos científicos cada vez más precisos que ayudarán a predecir con mayor exactitud el futuro de dicha región según diferentes escenarios. Según un estudio publicado en la revista científica *Nature*, el derretimiento de la capa de hielo de Groenlandia se está produciendo a un ritmo mayor que los acontecidos en los últimos 12 000 años. Tras la investigación, se estimó que en un solo siglo se habían perdido alrededor de 6 billones de toneladas de hielo. Este deshielo tendrá consecuencias en los ecosistemas del lugar y el aumento del nivel del mar (*véase* Los efectos de la subida del nivel del mar, pág. 134).

A medida que aumente la temperatura, existen otros factores que podrían incrementar la reducción de la capa de hielo. Uno de ellos es el crecimiento

Se estima que la capa de hielo de Groenlandia está compuesta por unos 2 850 000 km³ de hielo. El peso generado por su acumulación incluso ha llegado a hundir parte de la tierra central de la región, generando una cuenca situada a más de 300 m por debajo del nivel del mar. Con el paso del tiempo, el hielo fluye desde el centro de la isla hasta la costa para desembocar en el mar a través de los glaciares.

Si todo el hielo de Groenlandia se derritiera, tendría lugar un aumento global del nivel del mar de 7 m. Aunque este escenario es muy improbable, nos da una idea de la cantidad de agua dulce contenida en la isla. Sin embargo, las muestras tomadas de testigos de hielo, las mediciones realizadas por satélites, las observaciones del derretimiento de los glaciares y otros tipos de evidencias han permitido constatar que Groenlandia se está descongelando debido al

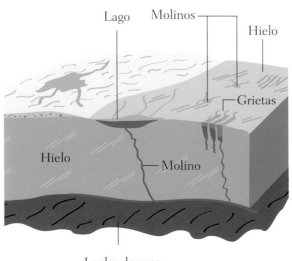

MOLINO GLACIAR

Lago
Molinos
Hielo
Grietas
Hielo
Molino
Lecho de roca

¿QUÉ ES EL EFECTO ALBEDO?

El albedo es un fenómeno que se produce cuando la radiación solar es reflejada por distintas superficies. Puede expresarse en porcentajes o en una escala que va de 0 a 1, donde el 0 se corresponde con un objeto negro que absorbe toda la radiación. Por contra, las superficies blancas o claras que reflejan toda la radiación tendrán un valor de 1. Según esta escala, el albedo de la nieve fresca se encuentra en un valor de 0,9, mientras que el carbón se sitúa en 0,04.

Esta propiedad física es muy importante, ya que afecta al clima al aumentar o disminuir la temperatura a escala planetaria y local. La acumulación de capas de nieve y hielo, como las sucedidas en las zonas polares, favorece la cantidad de luz solar reflejada y, por tanto, la disminución de la temperatura. Dicho fenómeno de retroalimentación conlleva un aumento de las nevadas.

Las nubes también son un factor importante a la hora de controlar el clima mediante el albedo. Debido a su claridad, reflejan los rayos solares en la atmósfera permitiendo así el enfriamiento de la Tierra, aunque también debe tenerse en cuenta que atrapan el calor procedente desde la superficie del planeta. En este caso, su influencia dependerá del tipo de nube y la altura a la que se formen.

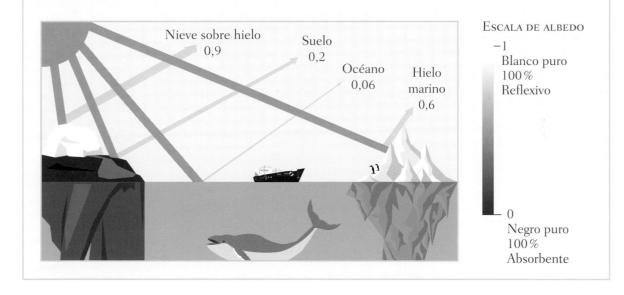

de diferentes algas microscópicas, las cuales, durante las épocas frías, se encuentran sumidas en una especie de letargo. Sin embargo, durante los meses más calurosos, sus poblaciones experimentan un rápido crecimiento. Estas floraciones oscurecen el hielo o cambian su color, reduciendo el efecto albedo (*véase* el recuadro de arriba). Así, el aumento de las temperaturas por el calentamiento global fomentará el crecimiento de estos organismos y, mediante un sistema de retroalimentación, habrá un mayor deshielo de Groenlandia.

Por otro lado, el agua derretida en la superficie de la capa de hielo puede fluir por unas estructuras conocidas como *moulins* o molinos glaciares. De esta manera, dicha agua alcanza zonas más profundas y favorece el movimiento del hielo o los glaciares hacia el mar, del mismo modo que un cubo de hielo se desliza fácilmente sobre una fina película de agua. La comunidad científica teme que, a medida que aumenten las temperaturas, este fenómeno alcance una mayor magnitud y, por tanto, impulse la pérdida de hielo.

EFECTOS EN EL ÁRTICO

El Ártico es una región que se localiza en el extremo norte de la Tierra o al norte del paralelo 60 Norte. Está formado por el océano Ártico, más los mares adyacentes, además de las regiones de tierra como Groenlandia, Islandia y las zonas más septentrionales de Europa, Asia y Norteamérica. Dichas zonas están dominadas por un clima polar que condicionan la aparición de capas de hielo, estacionales o permanentes, las cuales moldean el funcionamiento del medioambiente y los ecosistemas tanto marinos como terrestres.

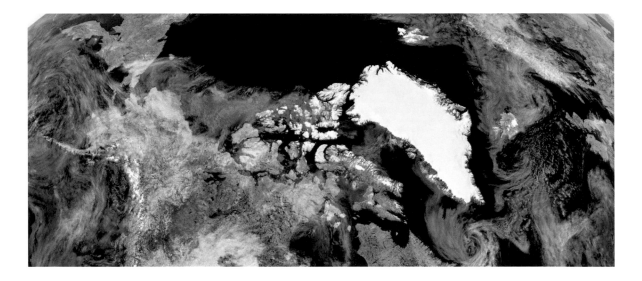

Las regiones con clima polar, donde además del Ártico podemos incluir a la Antártida, se caracterizan por la ausencia de veranos cálidos. Esto es debido a su lejanía con respecto del ecuador de la Tierra, hecho que conlleva que los días de invierno sean muy cortos y los de verano extremadamente largos. En esta zona la radiación solar es menos intensa debido a la inclinación de la Tierra, condicionando que el calor sea menor. Sin embargo, los veranos son frescos y los inviernos muy fríos. La temperatura media de cada mes es menor a los 10 °C, descendiendo hasta los -50 °C en los meses más fríos. La temperatura más fría registrada fue de aproximadamente -68 °C. Debido a estas características, el hielo puede cubrir durante todo el año grandes extensiones.

La gran mayoría del Ártico está formado por un océano, el cual está casi rodeado por tierra. La presencia del agua marina condiciona el clima de la región, ya que nunca puede tener una temperatura inferior a -2 °C. Dicha característica evita que se convierta en el lugar más frío de la Tierra. Sobre este océano se crea una capa de hielo, conocida como Capa de Hielo del océano Ártico, que fluctúa en tamaño a lo largo del año. De esta forma, durante los meses de primavera y verano el hielo se derrite, hasta alcanzar un mínimo en septiembre. La llegada del tiempo más frío, durante el otoño y el invierno, hace que la capa de hielo vuelva a crecer. Dicho mecanismo evita que el agua marina absorba la radiación solar gracias al efecto albedo del hielo (*véase* Recuadro ¿Qué es el efecto albedo?, pág. 61). Por otra parte, el ciclo del hielo marino aporta agua salada que al hundirse resulta esencial para el mantenimiento de la circulación oceánica (*véase* El papel de los océanos en el clima, pág. 24).

El Quinto Informe de Evaluación del IPCC concluyó que la extensión del hielo marino del Ártico era cada vez menor. Esto ha sido confirmado gracias al registro de la capa de hielo llevado a cabo desde 1979. Por otra parte, se ha constatado el aumento

LIBERACIÓN DE METANO EN EL PERMAFROST

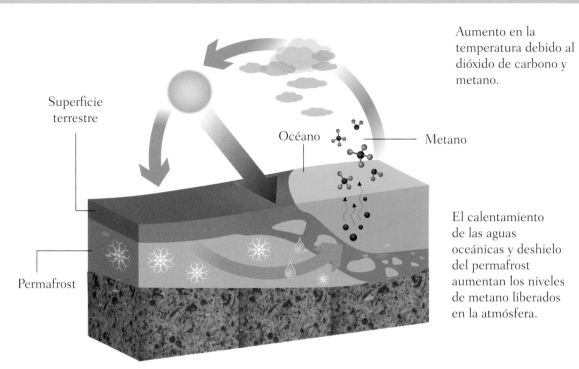

Superficie
terrestre

Océano

Permafrost

Metano

Aumento en la
temperatura debido al
dióxido de carbono y
metano.

El calentamiento
de las aguas
oceánicas y deshielo
del permafrost
aumentan los niveles
de metano liberados
en la atmósfera.

de las temperaturas en dicha región, además de una mayor duración de la época de deshielo. En el año 2020, un informe del Centro Nacional de Datos de Hielo y Nieve de Estados Unidos advirtió de que el hielo marino ártico en ese año se había reducido hasta un área de 3,74 millones de km², lo cual supone el segundo menor registro desde 1979.

Las bajas temperaturas que conlleva el clima polar hace que los ecosistemas terrestres árticos estén dominados por una vegetación conocida como tundra. En estas regiones, el frío impide el crecimiento de árboles, quedando una vegetación dominada por arbustos, hierbas, líquenes y musgos. El límite de la tundra está definido en la línea de árboles, la cual marca las zonas donde pueden comenzar a crecer árboles y generar formaciones boscosas.

El suelo de dichos terrenos está congelado a una profundidad que va desde los 25 a los 90 cm, lo que origina un tipo de suelo único conocido como permafrost. Durante las épocas cálidas, el permafrost se descongela lo suficiente para que ciertas

plantas puedan crecer. Sin embargo, las condiciones frías impiden la posterior degradación de la materia vegetal, produciéndose así la acumulación de materia orgánica. Esta situación es motivo de preocupación, ya que el aumento de las temperaturas debido al cambio climático favorecerá el crecimiento de las poblaciones de microorganismos capaces de degradar dicha materia. Como consecuencia de esta acción se está liberando, en forma de metano y dióxido de carbono, el carbono acumulado en el permafrost durante miles de años. Por tanto, este fenómeno supone un mecanismo de retroalimentación que podría aumentar los efectos del cambio climático.

En resumen, los efectos del cambio climático en el Ártico se hacen evidentes en una serie de indicadores: contracción de la capa de hielo marino, disminución de la capa de hielo de Groenlandia, liberación de metano del permafrost junto con otras fuentes marinas y avance de la línea de árboles hacia el norte en detrimento de las especies y ecosistemas árticos.

DESHIELO EN LA ANTÁRTIDA

Con una extensión de 14 200 000 km², la Antártida es el quinto continente más grande de la Tierra. La gran mayoría de esta región se encuentra al sur del conocido como Círculo Antártico y está rodeado por el océano Austral. Se trata de un lugar dominado por un clima polar, lo que hace que aproximadamente el 98 % de su territorio esté cubierto por una capa de hielo que en promedio puede tener más de 2 100 m de grosor. Se calcula que alrededor del 70 % del agua dulce del mundo se encuentra almacenada en este lugar.

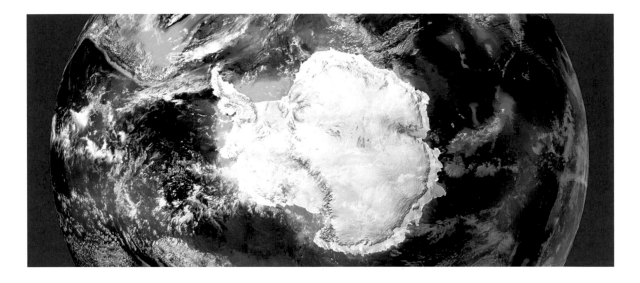

Debido a su situación, la Antártida es el continente más frío del mundo. El registro más bajo de temperatura de la Tierra fue de -89,2 °C y se produjo el 21 de julio de 1983 en la estación rusa Vostok. Aunque estas cifras podrían incluso ser más bajas. Con ayuda de los satélites, se observó en 2013 que en los valles, formados en las capas de hielo de la Meseta Antártica Oriental, la temperatura podría descender hasta los -93 °C. Posteriormente, al comparar dichas lecturas con la de las estaciones meteorológicas en la zona, se estableció la cifra en -98 °C. Estas condiciones son posibles gracias a, entre otros factores, la poca radiación solar que recibe el continente.

A pesar de la presencia de hielo, gran parte de la Antártida es considerada un desierto, ya que su precipitación anual es de 200 mm o incluso menor. La mayoría de las precipitaciones se producen en forma de nieve, la cual, debido a las condiciones de frío, se acumula formando enormes capas de hielo que terminan por cubrir la tierra. En algunas regiones, la capa de hielo genera glaciares en movimiento que fluyen hasta los bordes del continente. Por eso, en la costa encontramos diversas plataformas de hielo que flotan sobre el mar donde las características ambientales, igualmente frías, permiten que se mantengan por largo tiempo.

Sin embargo, debido al calentamiento global, las temperaturas registradas en la Antártida son cada vez más cálidas. La península de la Antártida, la región que más cerca se encuentra de Sudamérica, es la zona que más rápido se está calentando. En marzo de 2015 se registró un récord de 17,5 °C, cifra que fue superada cuando se observó una temperatura de 18,3 °C. El 9 de febrero de 2020 se comprobó una temperatura de 20,75 °C, la cual ha resultado ser hasta la fecha la más alta anotada en el continente.

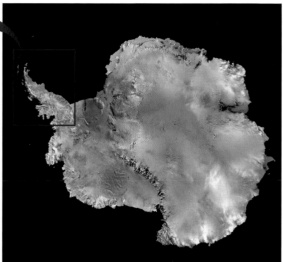

Arriba, vista tomada por el satélite de la NASA/ GSFC/LaRC/JPL, MISR Team, de la Antártida. A la izquierda, la Península Antártica en detalle, donde se observan los segmentos Larsen A, B y C, así como la grieta Larsen C.

de en varios segmentos que reciben el nombre de Larsen A, Larsen B, Larsen C y Larsen D. Desde la década de 1990 comenzó a documentarse cómo estas formaciones se estaban rompiendo debido al aumento de las temperaturas. La plataforma Larsen A desapareció en enero de 1995. Durante los meses de enero y marzo de 2002, Larsen B colapsó creando un bloque de hielo flotante de 3 250 km² y 220 m de espesor. Posteriormente, en noviembre de 2016, se documentó una enorme grieta de más de 90 m de ancho, 110 km de largo y 500 m de profundidad que recorría Larsen C. Para julio de 2017, una sección de 5 800 km² se desprendió de dicha plataforma creando un iceberg, conocido con el nombre de A-68, de más de un billón de toneladas y alrededor de 200 m de espesor.

La gravedad del aumento de las temperaturas se hace patente con los colapsos de las grandes plataformas de hielo localizadas en la costa de la Antártida. Los sucesos más conocidos fueron los acontecidos con la plataforma de hielo Larsen, la cual se extiende por la costa este de la Península Antártica. De norte a sur, dicha plataforma se divi-

El deshielo producido en la Antártida es un indicativo del calentamiento global, además de un motivo de preocupación por la supervivencia de una biodiversidad única y las consecuencias sobre el ascenso del nivel del mar (*véase* Los efectos de la subida del nivel del mar, pág. 134).

EL RETROCESO DE LOS GLACIARES DE MONTAÑA

Un glaciar es una formación de hielo que solo se da en ambientes terrestres. Son, por tanto, distintos del hielo creado sobre las superficie de los cuerpos de agua como las capas de hielo oceánicas. Alrededor del 10 % de la superficie terrestre está cubierta por hielo. En su mayoría se trata de glaciares continentales como los que cubren la Antártida o Groenlandia. Pero dichas estructuras también pueden encontrarse en las montañas, donde cubren una superficie a nivel mundial de aproximadamente 706 000 km^2 y se estima que acumulan alrededor de 170 000 km^3 de agua.

Los glaciares son grandes masas de hielo creadas por la acumulación de nieve sobre el terreno. Dicho depósito hace que la nieve se compacte, aunque, debido a la fuerza de gravedad, adquiere cierto movimiento lento que le lleva a fluir hacia la parte más baja de las montañas. Para que se cree un glaciar, debe existir una cubeta de nieve, o circo glaciar en las partes altas, donde se deposita la nieve.

Conforme el glaciar fluye, a modo de lengua o masa helada, va fracturando y arrastrando rocas y piedras, las cuales son conocidas como morrenas. Dicha dinámica se mantiene siempre que las precipitaciones congeladas y las temperaturas permitan la acumulación de más nieve. Así, el glaciar avanzará hasta cierto límite donde finalmente el hielo se derrite. En caso contrario, el glaciar irá perdiendo masa y se dice entonces que está retrocediendo. En este punto, si no se alcanza un equilibrio entre acumulación y pérdida, el glaciar podría acabar desapareciendo.

Los glaciares más importantes se encuentran en cordilleras como el Himalaya, las Montañas Rocosas, los Alpes o el sur de los Andes. Aunque también pueden aparecer en regiones tropicales como en el monte Kilimanjaro en África. Sin contabilizar aquellos que se localizan en las regiones polares, los más grandes del mundo se encuentran en Asia. El más largo es el glaciar Fedchenko, localizado en las montañas de Pamir en Tayikistán, el cual se extiende por 77 km, cuenta con una superficie de 700 km^2, un espesor máximo de 1000 m y contiene alrededor de 144 km^3 de agua. Le sigue de cerca el glaciar Siachen, en el Himalaya, con 76 km de largo, mientras que el glaciar Biafo, en las montañas Karakoram de Pakistán y con 67 km de longitud, es el tercero más largo del mundo. Por desgracia, en todos ellos se han constatado los efectos del cambio climático.

Debido al calentamiento global, los glaciares están retrocediendo en montañas de todo el mundo. Un suceso que es considerado como un claro síntoma del cambio climático. Por ejemplo, desde la década de 1960, los glaciares del Everest han retrocedido más de 100 m. Según un estudio, publicado en la revista científica *Nature,* entre los años 1961 y 2016 los glaciares de la Tierra han perdido más de 9625 gigatoneladas, lo cual se habría traducido en un aumento del nivel del mar de 27 mm (*véase* Los efectos de la subida del nivel del mar, pág. 134). El efecto de la subida de las temperaturas será mayor en lugares con glaciares más pequeños como los Alpes, los Pirineos, el Cáucaso, los Andes o las montañas en regiones como el norte de Asia, Escandinavia, México, África e Indonesia. Según el IPCC, muchas de estas formaciones desaparecerán independientemente del escenario de emisión al que nos dirijamos.

Además de su influencia en el nivel del mar, los glaciares son fundamentales para el suministro de agua dulce en zonas como los Andes o el Himalaya. Por eso el retroceso de los glaciares afectará a la cantidad de recursos hídricos disponibles para, el riego agrícola o el uso doméstico. También, se verán afectadas las poblaciones que dependan del cauce fluvial para obtener energía eléctrica. Otros impactos asociados son la desestabilización de las laderas de las montañas, lo que supone un riesgo para las infraestructuras. Finalmente, también se ha detectado la liberación de metales pesados, como el mercurio y otros contaminantes, que durante años habían quedado «secuestrados» tras acumularse en los glaciares, provocando la consecuente contaminación de las aguas de ríos y lagos.

ESTRUCTURA Y RETROCESO DE UN GLACIAR

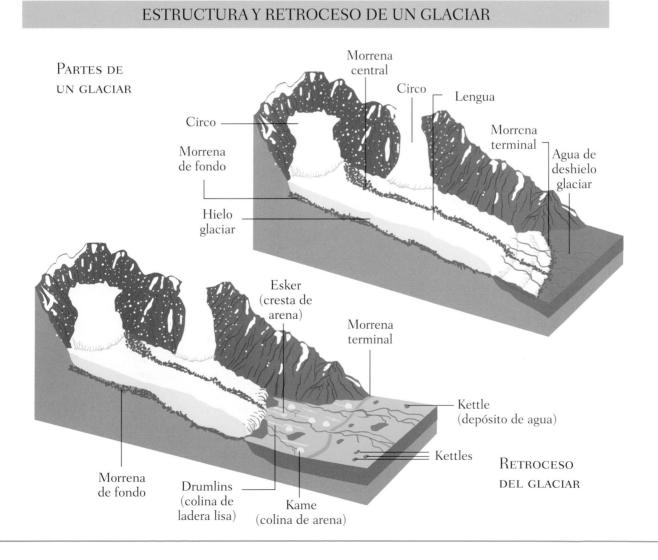

PARTES DE UN GLACIAR

Morrena central

Circo

Lengua

Circo

Morrena de fondo

Morrena terminal

Agua de deshielo glaciar

Hielo glaciar

Esker (cresta de arena)

Morrena terminal

Kettle (depósito de agua)

Kettles

RETROCESO DEL GLACIAR

Morrena de fondo

Drumlins (colina de ladera lisa)

Kame (colina de arena)

EL REFLEJO DEL CAMBIO CLIMÁTICO EN LA BIOSFERA TERRESTRE

El aumento de las temperaturas a nivel global está impactando en la gran mayoría de los ecosistemas terrestres del planeta. Ante dicho cambio, las especies que conforman estos sistemas se están viendo afectados en mayor o menor grado. Dicha situación se traduce en que animales y plantas tendrán que abandonar sus hábitats para encontrar mejores condiciones. Un aspecto que puede desembocar en la extinción local o incluso total de las especies.

Como hemos visto en otros temas, el cambio climático está modificando las precipitaciones o fenómenos como los ciclones y los incendios forestales. Todos ellos son aspectos que influyen en la distribución de las especies, convirtiéndose así en variables que tienen la capacidad de moldear los ecosistemas. Por tanto, en un escenario de calentamiento global podemos esperar que se produzcan alteraciones en la distribución de los organismos. Dicha situación ya se ha observado en muchas regiones de la Tierra, tanto en ambientes terrestres como acuáticos (*véase* La migración de especies marinas, pág. 50). Además de las variaciones en las distribuciones de plantas y animales, también se han observado cambios en la abundancia o en su fenología.

La fenología es una rama de la ciencia que se encarga de investigar los ciclos biológicos. Gracias a su estudio, podemos comprender cómo dichos ciclos se ven influenciados por las variaciones estacio-

nales del clima. Algunos ejemplos clásicos son las aparición de flores en plantas o la caída de las hojas caduca de los árboles, los primeros ejemplares de mariposa en vuelo, la llegada de aves migratorias o el inicio de la época de reproducción de distintos animales. Los fenómenos fenológicos nos hablan sobre adaptaciones que han permitido a las especies ajustarse y aprovechar mejor los cambios del ambiente de manera que, al producirse de forma estacional, pueden adelantarse por ejemplo a la abundancia de un recurso.

Todos estos acontecimientos suelen ser muy sensibles a las variaciones climáticas, por tanto representan un buen ejemplo para estudiar el cambio climático. Debido al interés histórico por la fenología contamos con un buen registro, que a veces proporciona datos de más de 500 años. Ejemplo de este tipo de registro son las festividades asociadas a la floración de los cerezos y melocotoneros, un evento que en lugares como Japón y China se remonta in-

La fiesta que se celebra en Japón de la floración de los cerezos nos sirve para poder registrar los cambios en el clima a lo largo del tiempo.

cluso hasta el siglo VIII. Por otro lado, tras estudiar los registros fenológicos de Europa, se ha llegado a la conclusión de que la primavera ha avanzado aproximadamente una semana en las últimas tres décadas. Dichos efectos también tienen implicación en la agricultura, ya que los cultivos verán afectadas sus temporadas de crecimiento. Además se ha observado cómo las aves empiezan a incubar sus huevos antes e incluso modifican sus patrones de migración.

Al cambiar las condiciones ambientales puede producirse un fenómeno denominado como desajuste fisiológico, el cual deriva en la pérdida de interacciones biológicas. Dicha situación se traduce en la desaparición de funciones ecológicas y, por tanto, en efectos negativos para todo el ecosistema. Por ejemplo, si la floración tiene lugar antes de que estén presentes los polinizadores, las plantas verán mermadas sus oportunidades de reproducción. De esta manera, a través del desajuste fisiológico, el cambio climático acabará afectando a las cadenas tróficas, el éxito reproductivo, la disponibilidad de recursos y la dinámica de las poblaciones.

Otro ejemplo de impacto del calentamiento global sobre las especies, podemos encontrarlos en aquellas que depende de la temperatura para la determinación del sexo de su población. El sexo de ciertos

tipos de reptiles y peces depende de la temperaturas ambiental que experimenten durante el desarrollo embrionario mientras están en el interior de los huevos. Por tanto, si el cambio climático influye en la temperatura de los nidos, podemos esperar una variación en la frecuencia de los sexos de dichos animales.

En resumen, el calentamiento global será un factor importante en la desaparición de especies. Esta situación actuará en sinergia con otros impactos humanos como la destrucción de hábitats, la contaminación o las especies invasoras. Según indicó el Quinto Informe de Evaluación del IPCC, en cualquiera de todos los escenarios de emisiones de carbono, un gran número de especies terrestres y acuáticas se enfrentan a un mayor riesgo de extinción durante el siglo XXI.

DETERMINACIÓN SEXUAL SEGÚN LA TEMPERATURA DEL NIDO

Hay peces y reptiles que dependen de la temperatura mientras se desarrolla el embrión para determinar si nacerá hembra o macho. Esto podría provocar desequilibrios en la especie.

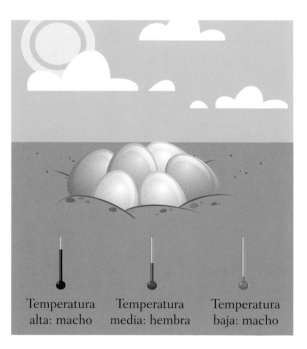

Temperatura alta: macho   Temperatura media: hembra   Temperatura baja: macho

LA SINERGIA ENTRE ESPECIES INVASORAS Y CAMBIO CLIMÁTICO

El término «especie invasora» hace referencia a aquellos organismos, que pueden ser plantas, animales, hongos o microbios, los cuales han sido introducidos en un entorno ajeno y cuyo crecimiento poblacional conlleva un efecto negativo. Los daños que ocasionan pueden catalogarse como impactos ecológicos, económicos y de salud. Por tanto, son considerados como un grave problema cuyas consecuencias no deben ser obviadas y que se verán potenciadas por el cambio climático.

Se conoce como especie nativa o autóctona a aquellos organismos que son propios de una región. Por contra, una especie no nativa o exótica, es aquella que aparece en una zona gracias a la intervención humana. Sin embargo, para que se comporte como una especie invasora, deben producirse una serie de pasos. Cuando dichos organismos se localizan en el medio natural, decimos que es una especie introducida y, si ha logrado sobrevivir en ese nuevo ambiente, diremos que es casual. En el caso de que consiga establecerse y cree una población estable, será catalogada como especie naturalizada. Finalmente, puede ocurrir que, debido a sus características biológicas, su población alcance un nivel tan elevado que tenga un impacto negativo sobre el medioambiente y el resto de organismos del ecosistema. En ese punto, es cuando se clasifica como una especie invasora.

Por tanto, podemos definir la invasión biológica con cuatro etapas fundamentales. La primera es la introducción, seguida por la colonización, el establecimiento o naturalización y, finalmente, la expansión o invasión del paisaje, como es el caso de las plantas. En cuanto a la introducción, puede ser de forma intencionada, por ejemplo en la liberación de animales que son considerados como un recurso, o de manera accidental. En este segundo escenario, los organismos se benefician de las infraestructuras humanas, como por ejemplo los vehículos usados en el comercio internacional, para trasladarse de un punto a otro del planeta.

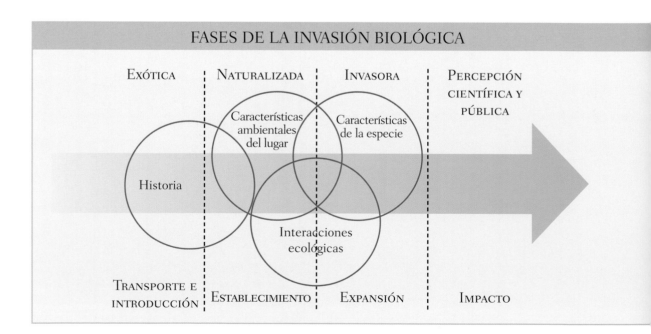

FASES DE LA INVASIÓN BIOLÓGICA

A lo largo de la historia, acelerándose entre los siglos XIX y XXI, las especies invasoras se han convertido en una grave amenaza económica y social. Además son consideradas como una de las principales causas de pérdida de biodiversidad, en algunas ocasiones incluso son un factor más importante que la destrucción de hábitats. Algunos ejemplos que podemos mencionar son la enredadera kudzu introducida en Estados Unidos, el jacinto de agua en los ríos y lagos de muchos países, los conejos en Australia o la ardilla gris en Reino Unido.

Las relación entre el cambio climático y las especies invasoras debemos buscarla en la alteración de los ecosistemas que ambos fenómenos provocan. El aumento de las temperaturas y sus efectos derivados acabarán afectando a las especies y los hábitats (véase El reflejo del cambio climático en la biosfera terrestre, pág. 66 y La migración de especies marinas, pág. 50). De esta forma, las especies nativas se ven sometidas a estrés, favoreciendo así la fragilidad de sus poblaciones y ecosistemas. Debemos añadir que una especie nativa que gana una mayor distribución gracias al clima cambiante no se considera invasora.

Por otro lado, las condiciones más cálidas tendrán como consecuencia la creación de nuevos nichos que podrán ser utilizados por las especies no nativas gracias a su gran adaptabilidad y competencia. Por ejemplo, debido al calentamiento global se producirán sequías que acabarán matando a las plantas que dependen de la cantidad de agua disponible en el suelo. Las especies invasoras que lleguen al ecosistema pueden encontrar un nuevo nicho que explotar si la comunidad vegetal se encuentra alterada. Además, algunas especies de plantas invasoras, gracias a su rápida capacidad de crecimiento, son capaces de reducir el suministro de agua, creando así un bucle de retroalimentación en detrimento de las nativas.

Otro caso preocupante es el establecimiento de vegetación invasora que, por ejemplo, sea capaz de aprovechar los impactos de los incendios forestales (véase El papel de los incendios forestales, pág. 76). Algunas de dichas plantas son más inflamables, lo que tendrá como consecuencia una mayor probabilidad de incendios. De esta forma, se pone en marcha otro bucle de retroalimentación donde aumenta la frecuencia e intensidad del fuego, mientras que las especies nativas son cada vez menos abundantes.

A nivel económico y social, el cambio en las distribuciones de las plagas de insectos tendrán un impacto sobre la agricultura y la ganadería. Otro aspecto a tener en cuenta es la expansión de artrópodos capaces de transmitir enfermedades tropicales, como es el caso del mosquito tigre (véase Las enfermedades tropicales y el cambio climático, pág. 140).

La invasión biológica presenta cuatro fases, que son la introducción, el establecimiento, la expansión y el impacto.

A su vez, cada fase se relaciona con la especie, de manera que pueden clasificarse en exótica, naturalizada e invasora.

Por supuesto, para pasar de una fase a otra, la especie depende de muchas otras cuestiones, como por ejemplo, cuántos ejemplares se han introducido, cuántas veces, desde cuándo, qué características ambientales existen o qué características tiene la especie y si son compatibles ambos datos. Según todas estas variables, tendremos mayor o menor impacto.

GOBIERNO
Y GESTIÓN

Muchos son los retos a los que se enfrentan los gobiernos actuales en cuanto a políticas de medio ambiente relacionadas con el cambio climático. Las buenas intenciones se ven reflejadas en la creación de IPCC (Grupo Intergubernamental de Expertos sobre el Cambio Climático) y las distintas cumbres del clima que se han celebrado desde 1994, pero la realidad es tenaz y problemas como la pérdida forestal, la gestión y protección de los océanos o de las zonas polares, los condicionantes de las grandes ciudades y de la industria, son palos en la rueda para alcanzar los objetivos de desarrollo sostenible de la Agenda 2030 de la ONU.

¿QUÉ ES EL IPCC?

El IPCC (Grupo Intergubernamental de Expertos sobre el Cambio Climático) es una organización a nivel internacional con una alta relevancia y peso en la toma de decisiones a nivel político y estratégico frente al cambio climático, pero además supone una alianza de esfuerzos notable entre la comunidad científica y la política. Los resultados de sus informes han fundamentado la toma de decisiones tan importantes como los protocolos de Kioto y Montreal.

El Grupo Intergubernamental de Expertos sobre el Cambio Climático, conocido en sus siglas en inglés IPCC, es una organización creada en 1988 por la Organización Meteorológica Mundial (OMM) y el Programa de las Naciones Unidas para el Medio Ambiente (PNUMA) para evaluar la situación científica sobre el cambio climático, sus impactos y riesgos socioeconómicos, posibles repercusiones y estrategias de respuesta a nivel mundial.

En el ámbito institucional está gestionado por el Panel IPCC, que controla su estructura y sus procedimientos de trabajo, y cuenta con los cargos de presidencia y secretariado, así como con el *Bureau*, la agencia que escoge a los equipos científicos que participarán en los grupos de trabajo.

Para el desarrollo de los informes, el IPCC se organiza en tres grupos de trabajo, cada uno con el objetivo de evaluar un apartado concreto sobre el cambio climático: evaluación científico-técnica; evaluación de la vulnerabilidad, consecuencias y adaptación de los sistemas naturales y socioeconómicos; y evaluación de las opciones de limitación de las emisiones de gases de efecto invernadero y de políticas de mitigación.

Además de estos tres grupos de trabajo técnicos, existe una unidad de apoyo específica para el inventario de gases de efecto invernadero, el grupo de Operaciones o Task Force.

Su papel fundamental es dar una opinión científica objetiva y transparente sobre el cambio climático. Para ello, equipos de investigadores desarrollan informes de evaluación de la situación climática que recopilan información sobre el cambio climático, su impacto y las opciones de adaptación y mitigación. Estos informes no son resultado de investigaciones propias del IPCC, sino que toman los datos de artículos académicos y técnicos publicados y revisados a los que someten también a un proceso de revisión.

Cada informe recopila la información publicada y resalta la atención sobre áreas donde creen que será necesario realizar nuevas investigaciones. A día de hoy se han publicado cinco informes y se está desarrollando el sexto.

Las publicaciones del IPCC se han convertido en obras de referencia muy utilizadas tanto en el ámbito científico como en el político, teniendo un peso muy importante a lo largo de la historia de las convenciones y acuerdos entre países.

Gracias a los resultados mostrados en el primer informe, publicado en 1990, y un informe complementario de 1992, se aprobó la Convención Marco sobre Cambio Climático (CMCC) en la conocida Cumbre de la Tierra de Río de Janeiro (1992). Este informe fue el primero en alertar de las graves consecuencias del cambio climático de una manera conjunta, mostrando la confluencia de muchos estudios realizados por equipos de investigadores de todo el mundo. Fue la primera muestra conjunta de preocupación por la situación climática a nivel gubernamental.

El Segundo Informe de Evaluación fue presentado en 1995 y aportó las bases científicas sobre las que se asentó el Protocolo de Kioto, basándose en las emisiones de gases de efecto invernadero y sus posibles técnicas de reducción.

Tras el Tercer Informe de Evaluación (2001) se consideró la necesidad de un nuevo protocolo más severo que el de Kioto, lo que propició a la firma del Protocolo de Montreal en 2005.

El Cuarto Informe de Evaluación se publicó en 2007 y señaló la importancia del aumento de la frecuencia de eventos extremos en los últimos 50 años, como pueden ser las olas de calor y las precipitaciones cada vez más fuertes.

El quinto y último informe hasta la fecha fue publicado en 2014 y recalca el cambio en el nivel de aceptación de que es el ser humano quien está causando el calentamiento del planeta.

Por toda su labor y sus esfuerzos por aumentar el conocimiento sobre el cambio climático y establecer medidas para contrarrestarlo, el IPCC junto a Al Gore, ex vicepresidente de Estados Unidos, recibieron el premio Nobel de la Paz en 2007.

ESCENARIOS DE EMISIONES

Cuando se profundiza en el estudio de modelos climáticos futuros nos encontramos con mucha incertidumbre, ya que hay muchos datos a estimar y parámetros a tener en cuenta. ¿Cuántos GEI se emitirán en los próximos 100 años? ¿Se adoptarán políticas de supresión de emisiones? Lo que sí es seguro es que cualquier modelo climático futuro necesita conocer las cifras exactas de emisiones para calcular el incremento de temperatura futuro y así prever posibles escenarios. Estas cuantificaciones de emisiones GEI futuras y sus consecuencias se denominan «escenarios de emisiones». Para crear los escenarios de emisiones es necesario estimar más datos que los científicos como por ejemplo saber qué modelo socioeconómico habrá, cómo evolucionará la demografía, cuál será el nivel tecnológico de la sociedad, etc.

El IPCC en 1992 publicó una serie de escenarios que trataban de tener en cuenta las diferentes opciones de futuro posibles. Estos escenarios fueron revisados y replanteados en los sucesivos informes, ya que iban incorporando nuevos parámetros calculados.

En su Quinto Informe definieron cuatro nuevos escenarios de emisión denominados Trayectorias de Concentración Representativas (RCP por sus siglas en inglés), se trata de una guía de cómo será el futuro climático según el volumen de gases de efecto invernadero emitidos hasta el año 2100. Estos escenarios contemplan los efectos de las posibles políticas o acuerdos internacionales para mitigar las emisiones.

Los escenarios climáticos son inciertos por naturaleza, pero pueden resultar una herramienta útil de planificación y así propiciar y fortalecer políticas que apoyen a futuros desarrollos bajos en emisiones y adaptados al clima.

LAS CUMBRES DEL CLIMA

Desde 1994, los líderes mundiales de 197 países se reúnen anualmente para buscar soluciones conjuntas a la crisis climática. Estas reuniones tienen lugar en la Convención Marco de las Naciones Unidas sobre el Cambio Climático (CMNUCC) y la Conferencia de las Partes, conocidas como COP, es el órgano supremo de decisión de la Convención. Se trata de aunar esfuerzos para resolver los problemas que ocasiona el cambio climático y adoptar medidas internacionales vinculantes.

Las Conferencias de las Partes (COP), también llamadas comúnmente «Cumbres del Clima», son reuniones anuales que mueven a miles de personas, desde personal técnico hasta jefaturas de Estado, para buscar soluciones a la crisis climática. Durante dos semanas la convención reúne a representantes de la comunidad científica, gubernamentales, empresas, instituciones y asociaciones, así como otros grupos de interés. La primera semana es de carácter técnico y en los últimos días, conocidos como el «tramo ministerial», se cita a los representantes de los gobiernos para adoptar y firmar las medidas.

La Convención Marco (CMNUCC) fue el primer paso para afrontar el problema del cambio climático a nivel internacional y surgió gracias a la Cumbre de la Tierra de Río de Janeiro en 1992, entrando en vigor en marzo de 1994. Desde 2019, CMNUCC la forman 197 países que han ratificado la Convención y se denominan Partes en la Convención. Su compromiso es diferente según el estado de transición de su economía, así como países en desarrollo con bajos ingresos o especialmente vulnerables a los efectos del cambio climático.

UN VIAJE POR LAS CUMBRES MÁS IMPORTANTES

1992, RÍO DE JANEIRO (BRASIL)
Conocida con el nombre de «Cumbre de la Tierra», en esta convención se adoptó por primera vez el Marco de la Naciones Unidas sobre Cambio Climático (CMNUCC) para establecer un acuerdo internacional con la finalidad de reducir los gases de efecto invernadero.

CRONOLOGÍA DE LAS CUMBRES DE LAS NACIONES UNIDAS

1992 **CUMBRE DE LA TIERRA** Río de Janeiro, Brasil	1996 **COP 2** Ginebra, Suiza	1998 **COP 4** Buenos Aires, Argentina	2000 **COP 6** La Haya, Holanda y Bonn, Alemania	2002 **COP 8** Nueva Delhi, India	2004 **COP 10** Buenos Aires, Argentina	2006 **COP 12** Nairobi, Kenia

1995 **COP 1** Berlín, Alemania	1997 **COP 3** Kioto, Japón	1999 **COP 5** Bonn, Alemania	2001 **COP 7** Marrakech, Marruecos	2003 **COP 9** Milán, Italia	2005 **COP 11** Montreal, Canadá

1995, BERLÍN (ALEMANIA)

De esta primera reunión de las partes, COP1, salió el Mandato de Berlín, documento por el cual se exigía a todas las partes iniciar negociaciones para reducir las emisiones antes del año 2000.

1997, KIOTO (JAPÓN)

Se aprobó el Protocolo de Kioto, un acuerdo internacional vinculante para reducir las emisiones de gases de efecto invernadero.

2009, COPENHAGUE (DINAMARCA)

A pesar de las expectativas para negociar un nuevo acuerdo que sustituyese el Protocolo de Kioto, que expiraba en 2013, finalmente los países no se comprometieron legalmente en esta cumbre a reducir sus emisiones ni tampoco a tomar acciones contra el cambio climático, sino que todo quedó pendiente de la voluntariedad de cada país.

2010, CANCÚN (MÉXICO)

Dentro de los acuerdos, destaca la creación del Fondo Verde para el Clima, un programa de ayuda económica en el que los países con menos recursos pudieran sufragar el coste de las acciones climáticas, pero se aplazasen los compromisos de financiación hasta 2020.

2014, LIMA (PERÚ)

Entre otras medidas destacó porque Estados Unidos y China anunciaron un compromiso conjunto para la reducción de emisiones de GEI por primera vez en la historia.

2015, PARÍS (FRANCIA)

Seis años después del fracaso de la Cumbre de Copenhague nace el Acuerdo de París, un convenio mundial en la cumbre para luchar contra el cambio climático.

SOBRE EL CAMBIO CLIMÁTICO

| 2008 COP 14 Poznan, Polonia. | 2010 COP 16 Cancún, México | 2012 COP 18 Doha, Qatar | 2014 COP 20 Lima, Perú | 2016 COP 22 Marrakech, Marruecos | 2018 COP 24 Katowice, Polonia |

| 2007 COP 13 Bali, Indonesia | 2009 COP 15 Copenhague, Dinamarca | 2011 COP 17 Durban, Sudáfrica | 2013 COP 19 Varsovia, Polonia | 2015 COP 21 París, Francia | 2017 COP 23 Bonn, Alemania-Fiji (presidencia) | 2019 COP 25 Madrid, España-Chile (presidencia) |

EL PAPEL DE LOS INCENDIOS FORESTALES

Cuando nos referimos al estudio de la ecología, los incendios son considerados como una perturbación natural de la misma forma que lo son las tormentas, los huracanes o las inundaciones. Como consecuencia de dichos fenómenos, las poblaciones de especies que conforman los ecosistemas se verán afectados, aunque a largo plazo consisten en fuerzas que moldean estos sistemas y son, por tanto, necesarias para su correcta dinámica. Sin embargo, en el marco del cambio climático, la intensidad y frecuencia de los incendios será mayor, lo que tendrá un gran impacto negativo.

Los incendios tienen una gran capacidad para alterar las características físicas y biológicas del lugar. Sin embargo, a pesar de su gran impacto destructivo que les confiere tantos aspectos negativos, dichos fenómenos forman parte de la dinámica natural de muchos ecosistemas. Podemos mencionar, por ejemplo, las praderas del Medio Oeste de Estados Unidos o las regiones con un clima mediterráneo, las cuales son zonas donde el fuego se presenta con una frecuencia periódica.

Cuando tiene lugar un incendio, la pérdida de biomasa vegetal puede ser bastante significativa. Pero además, el fuego habrá consumido gran parte de la materia vegetal muerta, como ramas, troncos y hojarasca, cuyos compuestos han sido transformados en ceniza. Es así cómo se produce la liberación de nutrientes, los cuales vuelven a estar disponibles para el resto de organismos del ecosistema. Además, al despejar gran parte de la vegetación, se abrirán espacios donde la luz será más accesible para las futuras generaciones de plantas.

Teniendo en cuenta dichas características, es normal que distintas especies de plantas hayan desarrollado diversas estrategias y adaptaciones destinadas a aprovechar los incendios. Una de las especies que ha evolucionado con la influencia del fuego es el pino de playa (*Pinus contorta*), propio del oeste de América del Norte, cuyas piñas solo se abren para soltar las semillas cuando tiene lugar un incendio. Entre la vegetación de las regiones mediterráneas también

DATOS DE INCENDIOS FORESTALES OCCIDENTALES

Los incendios forestales están aumentando y la temporada de incendios forestales se está alargando en el oeste de EE. UU.

NÚMERO PROMEDIO DE GRANDES INCENDIOS FORESTALES POR AÑO.
Se considera GIF (gran incendio forestal) el que quema más de 500 hectáreas.

1980-1989	1990-1999	2000-2012
~140	~160	~250

DURACIÓN MEDIA DE LA TEMPORADA DE INCENDIOS FORESTALES

Principios de la década de 1970: 5 meses
Hoy: más de 7 meses.

encontramos casos de especies capaces de rebrotar desde sus raíces después del paso del fuego.

La dinámica e intensidad de un incendio va a depender de una combinación de factores tales como las característica físicas del lugar, la cantidad y tipo de combustible disponible y el clima de la región. Con respecto al combustible, su relación es bastante sencilla: cuanto más materia vegetal muerta esté disponible, mayor probabilidad de que la energía del incendio sea mayor. Además, debemos tener en cuenta que existen diferentes tipos de plantas cuya biomasa es más propensa a incrementar los efectos del fuego.

La influencia del clima se establece por la cantidad de agua disponible, que depende de la temperatura. Es decir, cuanto mayor sea la humedad presente, menor es la probabilidad de ignición así como disminuirá la velocidad de propagación. Esto sucede porque son necesarias temperaturas más altas para evaporar el agua que contiene la materia vegetal para así calentarla hasta su punto de ignición.

El calentamiento global incrementa la frecuencia e intensidad de las olas de calor y sequías. Además también se están viendo potenciados fenómenos como El Niño. De esta manera, aumenta el riesgo de incendios forestales que, si las condiciones son propensas, pueden ser incluso más destructivos. También debemos tener en cuenta que el cambio climático incrementará las precipitaciones en algunas regiones, lo cual favorecerá un crecimiento anormal de plantas. Si esta situación continúa con un período más cálido de lo normal, la intensidad de los incendios será mayor.

A pesar de que, como hemos comentado, existen ecosistemas cuya dinámica depende del fuego, las condiciones que marcan el cambio climático supondrán un grave impacto para sus especies. Esto se debe a que los incendios se producirán con más frecuencia e intensidad, lo que acabará alterando el funcionamiento de dichos ecosistemas.

Finalmente, también debemos saber que durante un incendio se liberan a la atmósfera contaminantes cuya capacidad para difundirse por el aire tienen importantes consecuencias en la salud humana. Relacionado con los incendios forestales existe un preocupante ciclo de retroalimentación. Entre las sustancias emitidas hay gases de efecto invernadero como el óxido nitroso y el dióxido de carbono. Por otro lado, las partículas de carbón liberadas y transportadas a través de la atmósfera pueden depositarse sobre las regiones polares y montañosas donde se acumula el hielo. Se ha demostrado que dicho fenómeno puede reducir el efecto albedo de la nieva, al volverla más oscura, favoreciendo así el deshielo (*véase* La capa de hielo de Groenlandia, pág. 58).

INCENDIOS FORESTALES Y CAMBIO CLIMÁTICO

El cambio climático está elevando las temperaturas y aumentando el riesgo de incendios forestales.

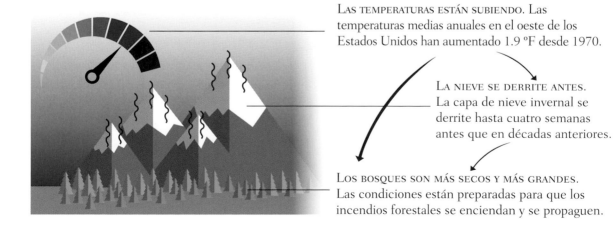

LAS TEMPERATURAS ESTÁN SUBIENDO. Las temperaturas medias anuales en el oeste de los Estados Unidos han aumentado 1.9 °F desde 1970.

LA NIEVE SE DERRITE ANTES. La capa de nieve invernal se derrite hasta cuatro semanas antes que en décadas anteriores.

LOS BOSQUES SON MÁS SECOS Y MÁS GRANDES. Las condiciones están preparadas para que los incendios forestales se enciendan y se propaguen.

RECURSOS MARINOS Y CONFLICTOS

La pesca es uno de los recursos marinos más evidentes e importantes proporcionados por los ecosistemas de océanos y mares. De ella dependen millones de personas en países de todo el mundo. Al igual que sucede con otros tipos de impactos medioambientales, como la sobrepesca o la contaminación, la gestión y supervivencia de dicho recurso se verá comprometida por los efectos del calentamiento global, lo cual tendrá importantes consecuencias sociales.

Los cambios en las características de los mares y océanos, que conlleva la migración o desaparición de especies (*véase* La migración de especies marinas, pág. 50) podrían ser el origen de diversos conflictos entre países. Esto se debe a cómo se gestionan los mares y los derechos de las naciones para pescar en ellos. En el pasado, se han sucedido disputas por este mismo motivo. Este fue el caso de las conocidas como Guerras del Bacalao, sucedidas entre los años 1958 y 1976, que enfrentó a Reino Unido e Islandia. A pesar del nombre, el suceso realmente fue un incidente diplomático al que los medios de comunicación dieron ese apelativo de guerra. La controversia se originó cuando Islandia proclamó como suya una amplia zona de aguas del Atlántico Norte, las cuales bordeaban su territorio nacional. En esta región se concentraban

ESQUEMA DE LAS ZONAS MARÍTIMAS

Según la Convención de las Naciones Unidas sobre el Derecho del Mar.

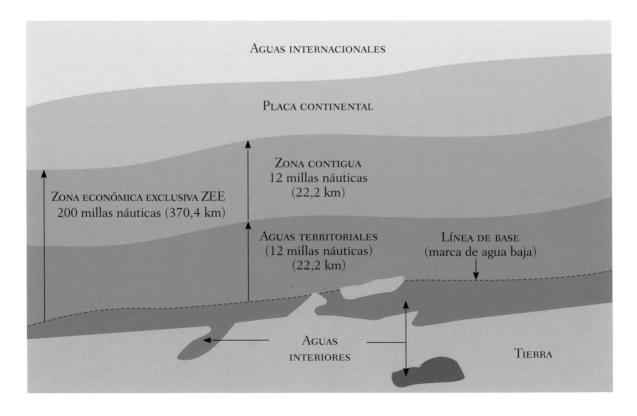

AGUAS INTERNACIONALES

PLACA CONTINENTAL

ZONA CONTIGUA
12 millas náuticas
(22,2 km)

ZONA ECONÓMICA EXCLUSIVA ZEE
200 millas náuticas (370,4 km)

AGUAS TERRITORIALES
(12 millas náuticas)
(22,2 km)

LÍNEA DE BASE
(marca de agua baja)

AGUAS
INTERIORES

TIERRA

Mapa que marca las zonas económicas (ZEE) exclusivas del Reino Unido, la República de Irlanda, las Islas Feroe (Dinamarca) e Islandia, como ejemplos de esta figura territorial.

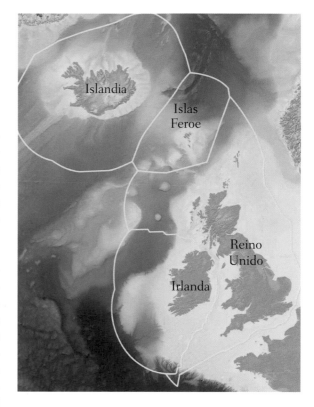

abundantes recursos pesqueros, entre los que destacan las poblaciones de bacalao. Finalmente, se alcanzó un acuerdo que permitía la gestión exclusiva de los recursos pesqueros por parte de Islandia, quedando fuera de estos lugares los pescadores británicos. Esto tuvo un importante impacto en la economía de las localidades pesqueras de Reino Unido.

Otro tipo de disputas son las originadas por los recursos pesqueros transfronterizos. Muchas de las especies de peces son migratorias, lo que supone que a lo largo de su vida se encuentran en aguas territoriales de dos o más naciones. Aquí se recurre a acuerdos entre los países de manera que la población de peces sea gestionada de forma sostenible. Pero si no hay acuerdo entre los gobiernos puede darse la sobrepesca, por una o ambas partes, que deriva en el colapso de la especie.

Debido a este tipo de conflictos, se celebró la Convención de las Naciones Unidas sobre el Derecho del Mar en 1982. Los países acordaron la creación de figuras territoriales marinas y determinaron cuánto debía extenderse cada una. Entre ellas, la figura de zona económica exclusiva (ZEE), que abarcaba 200 millas náuticas (370 km) desde la línea de base. En estas zonas, las naciones gestionan y explotan los recursos que se encuentran bajo la superficie del agua.

Sin embargo, esta gestión de las regiones marinas no contempla la realidad del cambio climático. Se calcula que las especies marinas ya se han movido, en promedio, unos 70 km por década. Esto supone que, a medida que la migración de peces avance, las especies se moverán de una ZEE a otra. Este cambio de fronteras obligará a los países a negociar para evitar el impacto económico, lo cual abre la posibilidad a nuevos conflictos diplomáticos entre las naciones por la gestión de los recursos pesqueros transfronterizos. Por ejemplo, en el año 2007 se produjo la conocida como Guerra de la Caballa. El suceso se originó por la migración de las pesquerías de caballa hacia

las ZEE de Islandia e Islas Feroe, abandonando las pesquerías de los países de la Unión Europea, Reino Unido y Noruega. Desde entonces, se han producido diversas disputas ya que, por parte de Islandia e Islas Feroe, la pesca de la caballa se está realizando por encima de los límites considerados como seguros para la supervivencia de la especie.

Los recursos marinos, en especial la pesca, han sido de vital importancia para las sociedades humanas. Conforme se desarrollaba la tecnología y la población mundial ascendía, los ecosistemas de mares y océanos han sufrido los efectos de la sobrepesca, la contaminación o la introducción de especies invasoras entre otros impactos. A esta lista debemos sumarle ahora el cambio climático que amenaza con alterar la vida acuática a un nivel global. En este escenario, es muy probable que muchas especies no puedan adaptarse a las nuevas condiciones, lo cual supondrá la pérdida de una biodiversidad única. Como hemos visto a lo largo de este apartado, dicha alteración también se transmitirá a las comunidades humanas, sobre todo a aquellas estrechamente relacionadas con estos ecosistemas.

LA PROTECCIÓN DE LOS OCÉANOS

Los ecosistemas marinos se enfrentan a diferentes impactos medioambientales como la sobrepesca, la contaminación, la introducción de especies invasoras, la acidificación o aquellos derivados del calentamiento global. Para garantizar la supervivencia de las especies que los componen, y por extensión de los recursos marinos que aportan, resulta necesaria la protección de océanos y mares mediante la creación de figuras como las reservas marinas.

Como hemos visto anteriormente, los ecosistemas que se desarrollan en los océanos y mares proporcionan una gran variedad de recursos a las sociedades humanas. Entre ellos podemos destacar la pesca y su importancia en el sector alimenticio de muchos países. Sin embargo, el desarrollo humano ha derivado en una serie de impactos medioambientales que están degradando dichos ecosistemas. Este es el caso de la contaminación, tanto de carácter continuo como es el caso de los microplásticos o de forma puntual debido a desastres asociados, por ejemplo, a las explotaciones de petróleo. Aquí también podemos incluir los efectos de la sobrepesca debido a la producción pesquera global.

Desde el año 1950 hasta la década de los ochenta la pesca de captura, la cual puede ser industrial, a pequeña escala o artesanal, ascendió de 20 millones de toneladas anuales a 90 millones de toneladas anuales. Este modelo de pesca se practica, en su gran mayoría, de forma insostenible, por lo que ha

propiciado la sobreexplotación de un gran número de caladeros a nivel mundial. Por tanto, las poblaciones de especies consideradas con interés comercial se encuentran ante una situación donde sus poblaciones no pueden recuperarse tras cada estación de reproducción. Debido a la sobrepesca, nos enfrentamos a un escenario en el que la humanidad llevará al agotamiento y extinción de una valiosa biodiversidad, incluidos los ecosistemas que conforman. Dentro de este marco, las condiciones creadas por el cambio climático y la acidificación de los océanos ampliarán aún más los efectos de la pesca excesiva y demás impactos medioambientales.

Ante esta preocupante situación, se han planteado diversas figuras de protección legal las cuales varían en cobertura y características según la nación. De todas formas, existe un amplio consenso entre la comunidad científica, organizaciones y administraciones sobre la necesidad de llevar a cabo estas acciones. Anualmente se celebra cada 8 de junio, desde el año

2009, el Día Mundial de los Océanos, con el objetivo de hablar sobre su importancia y los problemas a los que se enfrenta. Aún queda mucho por hacer ya que, en la actualidad, solo el 3,5% de la superficie de los mares y océanos de la Tierra cuenta con protección legal. De esa parte, se calcula que un 1,6% se corresponde con una protección total, la cual impide ningún tipo de explotación. Para que estas medidas sean efectivas, según la Unión Internacional para la Conservación de la Naturaleza, debe alcanzarse la cifra mínima del 30% de la superficie en el año 2030.

Por tanto, una reserva marina es aquella región, situada en la costa o en alta mar, que ha recibido un estatus de protección legal. Diversos estudios científicos han reportado la variedad de beneficios obtenidos por las especies y los ecosistemas que se encuentran bajo el amparo de estas medidas. Gracias a ellas, la vida marina ha experimentado un aumento de la diversidad, un mayor aumento de ejemplares de cada especie o incluso un incremento en el tamaño corporal de los individuos. Obviamente, dichos efectos positivos también repercuten en las sociedades humanas, al mejorar las condiciones de la pesca.

Para crear una reserva marina que sea efectiva, se deben tener en cuenta diversos factores como la distribución de las especies, sus zonas de reproducción

DIFERENTES ÁREAS MARINAS

Las áreas marinas protegidas cuentan con más variedad de animales y plantas, con especies diversas y ejemplares más grandes. Las desprotegidas están agotadas, con poca vida marina y productividad, es un ecosistema empobrecido.

ÁREA MARINA DESPROTEGIDA   ÁREA MARINA PROTEGIDA

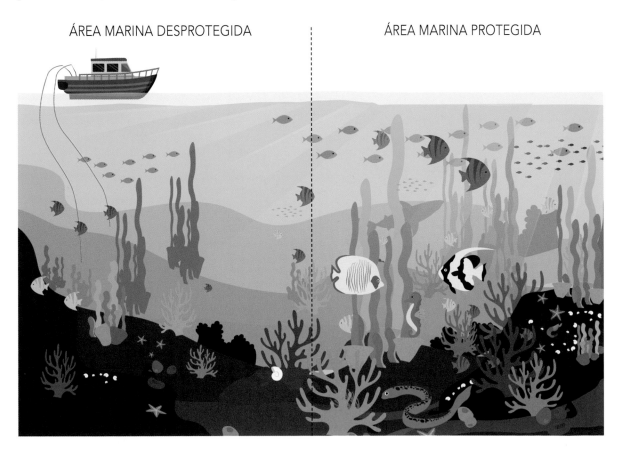

y los hábitats donde crían. Además, dichas regiones protegidas han de tener en cuenta el establecimiento de corredores, los cuales permitan la migración de los animales y, por tanto, el movimiento entre los distintos lugares necesario para su supervivencia.

Por ejemplo, muchos tipos de peces acuden a determinados lugares para desovar. Dado que es un comportamiento muy predecible, dicha adaptación ha sido explotada por la industria pesquera. Sin embargo, estas reuniones son claves para que la especie llegue a reproducirse y, por tanto, fundamentales para el mantenimiento de sus poblaciones. Por otra parte, existen animales cuya congregación se produce para aprovechar las buenas condiciones que determinadas circunstancias ofrecen para la alimentación. Otros puntos claves son algunos ecosistemas, como los manglares, los arrecifes de coral o los pas-

tos marinos, donde los peces pasan sus primeras etapas de vida como larvas o juveniles.

Como hemos comentado anteriormente, dichos lugares protegidos deben estar conectados. Esta característica permitirá que, tanto las larvas como ejemplares juveniles y adultos, se muevan de un sitio a otro dependiendo de las necesidades de su especie. Además, la conexión ayudará a que las poblaciones poco densas se vean reforzadas por aquellos donde hay una mayor cantidad de individuos. Todo este conjunto de medidas hará que los ecosistemas tengan un estado más saludable y, por tanto, aumentan los recursos pesqueros asociados a ellos gracias a una gestión más sostenible.

En el nivel más estricto de protección de áreas marinas, las actividades humanas están restringidas al

BENEFICIOS DE LAS ÁREAS MARINAS PROTEGIDAS

máximo. Esto se debe a que su objetivo es la conservación de los ecosistemas y sus especies. A pesar de no permitir directamente la explotación de sus recursos naturales, diversos estudios han demostrado los beneficios que esta estrategia aporta a sectores como la pesca y el turismo. Nuevamente esto se debe a que los peces y otros tipos de animales, tras crecer su población, acaban extendiéndose a zonas cercanas, ayudando así a revitalizar la pesca local.

El 7 de abril de 1982 se puso en marcha la Convención para la Conservación de Recursos Vivos Marinos Antárticos. A través de este mecanismo, las naciones deben garantizar el uso pacífico de la región así como garantizar la integridad de sus ecosistemas. Esta acción fue muy importante dado el creciente interés pesquero en la región, centrado sobre todo en la captura del krill, y los impactos del cambio climáti-

Llamamos área marina protegida a un espacio o reserva en el que existe especial protección de la diversidad biológica. Al establecerla, se produce una multiplicidad de beneficios en varios niveles que compensan el esfuerzo destinado a la protección de los recursos.

● BENEFICIOS SOCIALES Y ECONÓMICOS

1. Revitalización de la pesca local.
2. Proteger sitios culturales y patrimoniales.
3. Oportunidad para actividades educativas.
4. Mejora la apreciación del océano.
5. Espacio de recreación y turismo.
6. Lugar para la investigación científica.

● BENEFICIOS MEDIOAMBIENTALES

1. Más peces y más grandes.
2. Proteger las áreas de alimentación.
3. Mantener y restaurar el hábitat.
4. Proteger el plancton.
5. Más movimiento de huevos y larvas.
6. Mantener la diversidad de especies.
7. Mantener la diversidad genética.

co. Tiempo después, el 28 de octubre de 2016, en la ciudad australiana de Hobart, dicho organismo anunció un acuerdo para el establecimiento de la primera área marina protegida antártica. El área se encuentra en el mar de Ross y abarca 1555851 km^2, lo que la convierte en la segunda más grande del mundo.

Otro ejemplo de área marina protegida lo encontramos al sur de las Islas Orcadas del Sur, creada en 2009 y también impulsada por la Convención para la Conservación de Recursos Vivos Marinos Antártico. En dicha región se estableció en aguas internacionales un área de 94000 km^2, donde está prohibida la actividad pesquera y cualquier tipo de vertido procedente de barcos.

En 2014, el presidente estadounidense Barack Obama apoyó la ampliación del Monumento Nacional Marino de las Islas Remotas del Pacífico. Creando así la quinta reserva marina más grande del mundo con 1277860 km^2. Posteriormente, en 2016, también impulsó agrandar el Monumento Nacional Marino Papahānaumokuākea, que con 1508870 km^2 es la tercera área en el ranking, seguida de cerca por el Parque Natural del Mar de Coral, en Nueva Caledonia, con 1292967 km^2. La mayor de todas ellas es la región Marae Moana, localizada en las Islas Cook y creada en 2017, que con 1976000 km^2 es algo más grande que la superficie de México, país que abarca 1964375 km^2.

La protección de los mares y océanos es fundamental para hacer frente a los escenarios de cambio climático. Un estudio de la Universidad de York, publicado en 2016, comprobó que las áreas marinas protegidas ayudaban a combatir y mitigar el calentamiento global en varios ámbitos. Por un lado, al proteger los ecosistemas situados en las costas, como los manglares, estamos ayudando a mantener una barrera natural contra la subida del nivel mar o los eventos climáticos extremos. Además, al mejorar las condiciones para las distintas especies estaremos ayudándoles a adaptarse a las nuevas condiciones ambientales derivadas del aumento de las temperaturas. Por extensión, los recursos pesqueros también se verían beneficiados. Finalmente, la buena salud de estos ecosistemas también ayudará a hacer frente a la acidificación, además de mejorar su capacidad para capturar gases de efecto invernadero.

¿CÓMO SE GESTIONAN LAS ZONAS POLARES?

La explotación de los recursos en zonas polares, tanto biológicos como geológicos, siempre ha estado limitada por las condiciones climáticas que imperan en esos lugares. A medida que se producían los avances tecnológicos, el acceso a los recursos ha sido cada vez mayor, motivándose los intereses de las naciones por controlar dichas regiones. Sin embargo la gestión de las zonas polares, el Ártico y la Antártida, se realiza desde marcos distintos que condicionan los posibles efectos geopolíticos del cambio climático.

Según lo establecido en el derecho internacional, el Polo Norte y el océano Ártico que lo rodea no pertenecen a ningún país. De esta forma, son consideradas como aguas internacionales todas aquellas que se sitúan por encima del Círculo Polar Ártico, delimitado por el paralelo 66 de latitud norte. Sin embargo, por debajo de este límite nos encontramos con regiones gestionadas por diferentes figuras como las zonas económicas exclusivas (ZEE), los mares territoriales y las zonas continentales o islas pertenecientes a diferentes naciones. Dichos estados son Estados Unidos, Canadá, Dinamarca, Islandia, Finlandia, Noruega, Suecia y Rusia. En el caso danés, sus territorios se sitúan en Groenlandia.

La Convención de Derecho Marino establece que las zonas económicas exclusivas de un país se extienden hasta las 200 millas náuticas, o 350 km, desde la línea de base (*véase* Recursos marinos y conflictos, pág. 78), lo que permite abarcar la gran mayoría de la plataforma continental. En dichas regiones los recursos pesqueros son más abundantes y la extracción de recursos energéticos o minerales es accesible, motivo por el cual las naciones buscan garantizar su explotación mediante las ZEE. Todas las aguas y fondos marinos fuera de estas zonas se clasifican como Patrimonio de la Humanidad. De esta forma, corresponde a los tratados internacionales establecer los límites de pesca en dichas regiones. Por otra parte, en cuanto a otros tipos de recursos como los minerales, la competencia recae sobre la Autoridad Internacional de los Fondos Marinos de la ONU.

Sin embargo, las naciones pueden incrementar sus ZEE en el caso de que la plataforma continental sobrepase el límite establecido. La regulación de

Mapa de la región ártica que muestra la ruta del mar del Norte, en el contexto del paso del noreste y del paso del noroeste.

Paso del Noroeste
———————————————

Paso del Noreste
———————————————

Ruta del mar del Norte

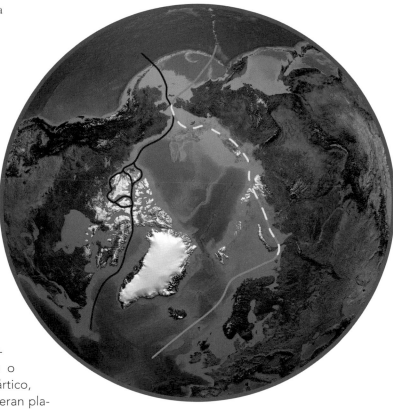

estas reclamaciones está establecida por la Comisión Internacional para los Límites de la Placa Continental de la ONU, la cual indica que en este supuesto las ZEE podrán ampliarse hasta las 350 millas náuticas o 648,2 km. Del total del territorio ártico, unos 7 millones de km² se consideran plataforma continental cuya profundidad es inferior a 500 m. A medida que se calienta la región ártica, la pérdida de las capas de hielo oceánicas están permitiendo que los recursos marinos sean más accesibles. Esta es la razón por la que diversos países han impulsado expediciones para cartografiar la plataforma continental y de esta forma poder incrementar sus ZEE, lo cual ha motivado varias disputas entre ellos. Además del acceso a recursos, el cambio climático favorece que se abran vías marítimas de transporte cuya gestión también genera tensión entre los países. A este respecto, destaca el caso del Paso del Noroeste que en 2007 fue por primera vez totalmente navegable debido a la pérdida extrema de hielo desde que comenzaron los registros en 1978.

La gestión de la región ártica contrasta con el enfoque adoptado en el caso de la Antártida. Durante la celebración del Año Geofísico Internacional, entre 1957 y 1958, 12 países que tenían intereses en la Antártida acordaron crear el Tratado Antártico para regular las relaciones internacionales en este continente. En diciembre de 1959 dicho tratado fue firmado por Argentina, Australia, Bélgica, Chi-le, Francia, Japón, Nueva Zelanda, Noruega, Sudáfrica, Unión Soviética, Reino Unido y Estados Unidos. En el año 2019, un total de 54 naciones habían firmado el tratado, aunque solo 29 de ellas tienen la categoría de miembros consultivos, lo que implica que tienen derecho a votar. El resto de países son considerados como miembros adherentes.

El Tratado Antártico entró en vigor en 1961 y está vigente para toda la tierra y las plataformas de hielo al sur del paralelo 60 Sur, sin afectar derechos sobre el alta mar allí existente. Mediante este mecanismo se establece un uso exclusivo de la Antártida para fines pacíficos, quedando prohibida toda medida de carácter militar, excepto para colaborar con las investigaciones científicas. Por otra parte, se proclama la libertad de investigación científica en el continente, declarándolo como reserva científica, y adoptando el compromiso de intercambio de información sobre los proyectos de programas científicos, además de la libre disponibilidad de las observaciones y resultados científicos.

LAS CIUDADES FRENTE AL CAMBIO CLIMÁTICO

Los hábitos de distribución de la población mundial han ido variando a lo largo de los años y la migración de las personas a los entornos urbanos ha sido una de las tendencias más claras de la segunda mitad del siglo XX y que continúa en el siglo XXI. En el año 1960 apenas un 33 % de la población mundial habitaba en ciudades, mientras que en 2019 la cifra subió hasta superar el 55 %. Esto significa que, a día de hoy, más de la mitad de población global vive en ciudades.

No solo estamos ante un mundo en el que más de la mitad de la población reside en ciudades, hay que destacar también el fenómeno de las megaurbes, ciudades que superan los 10 millones de habitantes y es que a día de hoy más del 6% de la población mundial reside en tan solo 28 ciudades. Para 2050 se calcula que el 70% de la humanidad vivirá en ciudades y para 2030 ya habrá más 40 megaurbes.

Esta enorme concentración de personas supone un desafío a los modelos de las ciudades y también al problema del cambio climático, ya que se unen los retos de las emisiones provocadas por los desplazamientos de tantos millones de personas, la demanda de recursos, la acumulación de residuos y la enorme necesidad de energía que necesitan estas grandes ciudades.

LAS CIUDADES Y LA CONTAMINACIÓN

El impacto ambiental más visible en las ciudades es la contaminación del aire, un problema con repercusiones para la salud pública que está sometido a medidas de regulación y control. Las ciudades son responsables del 70% de las emisiones de CO_2 y del 50% del resto de gases de efecto invernadero.

El impacto sobre la salud de las personas se resume en que el aire es responsable de la muerte de entre 4,5 y 8,8 millones de personas en el planeta. Estas muertes son consecuencia de enfermedades cardiorrespiratorias agravadas por las condiciones de la calidad del aire y la contaminación atmosférica, o directamente provocadas por las mismas. La contaminación no se debe solo a la emisión de gases contaminantes y de efecto invernadero, sino también a la acumulación de partículas en el aire, muchas de ellas cancerígenas.

CLAVES DE TRANSFORMACIÓN PARA UNA CIUDAD INTELIGENTE

ADAPTACIONES DE LAS CIUDADES AL CAMBIO CLIMÁTICO

Debido al riesgo que supone para las ciudades, también se están tomando cada vez más medidas que van en la línea de buscar modelos más sostenibles y saludables, que minimicen el impacto para el medio ambiente y la salud de las personas que las habitan y de las que podemos encontrar ejemplos en todo el mundo. Son iniciativas que parten en la mayoría de las ocasiones de la combinación de acciones implantadas desde los gobiernos, las empresas y la ciudadanía, en un esfuerzo conjunto por hacer las ciudades lugares más habitables y seguros.

Las terrazas y azoteas verdes son una de las medidas que están teniendo más éxito y es que combinan la posibilidad de aumentar la superficie vegetal de las ciudades, aumentando la retirada de CO_2 de la atmósfera, con un incremento de la biodiversidad urbana y la creación de espacios de ocio rodeados de naturaleza con el hecho de que no requieren la redistribución del espacio urbano para aumentar la extensión de los parques y jardines y permiten la participación ciudadana en su creación y mantenimiento, al estar en muchos casos impulsadas por redes locales de vecinos.

Otra de las medidas que se están estudiando y aplicando con carácter internacional son los llamados modelos de ciudad a 15 minutos. Son un ejercicio de planificación urbanística que busca concentrar todos los servicios esenciales que necesita una persona en un radio de 15 minutos de distancia, de modo que se puedan reducir significativamente los desplazamientos urbanos para acceder a los mismos, potenciando además el uso del transporte público.

Los planes de movilidad urbana cada vez tienen más en cuenta la sostenibilidad, buscando el refuerzo del uso del transporte público o ampliando la red de carriles bici para favorecer el uso de la bicicleta, así como la reducción del acceso por zonas a los vehículos más contaminantes para favorecer el uso de los primeros o los vehículos compartidos.

Finalmente cabe destacar el uso de las nuevas tecnologías y la investigación para el planteamiento de mejores zonas urbanas y es que las *Smart Cities* son una de las tendencias que más crecimiento han tenido en los últimos años, buscando el apoyo en las TIC (Tecnologías de la Información y la Comunicación) para optimizar los procesos que tienen lugar en el seno de las ciudades tanto para recabar información como para mejorar la agilidad y eficiencia de los procesos, minimizando las emisiones, el consumo energético y también como medida de transparencia por parte de las administraciones locales, favoreciendo la información y la participación ciudadana.

Empleo de tecnologías de la información y la comunicación (TIC)

Automatización y control de edificios

Planificación urbana más eficiente

Movilidad urbana y transporte público sostenible

Tecnologías aplicadas a la salud

Sistema de comercio electrónico

Gestión inteligente de residuos sólidos

Mejora de la sostenibilidad medioambiental

Preocupación por el entorno social

Tecnologías aplicadas a la educación

Datos compartidos: *open data*

Transparencia entre gobierno y ciudadanos

TRANSPORTE Y MOVILIDAD SOSTENIBLE

Los cambios sociales y la transformación de las poblaciones y los hábitos de vida y consumo, junto con los nuevos modelos de distribución de las poblaciones (*véase* Las ciudades frente al cambio climático, pag. 86), han transformado la movilidad en un sector prioritario para el abastecimiento de bienes y servicios. No solo se trata del transporte de mercancías, sino también de personas, especialmente en los núcleos urbanos, donde el diseño de planes de movilidad cobra especial importancia.

Los planes de movilidad urbana son una herramienta de planificación y gestión que diseña estrategias para regular los desplazamientos, y el transporte de mercancías y el acceso a las ciudades. Incorpora el transporte público, considerando su frecuencia, su capacidad y su porcentaje de uso; el transporte privado, la incorporación de carriles o vías específicas para el uso de la bicicleta, la regulación del acceso a determinadas zonas urbanas según el tipo de vehículo, las zonas peatonales el aparcamiento público y privado y, en general, cualquier cuestión que tenga que ver con el modo, la forma, o la regulación del transporte en el ámbito urbano.

LA MOVILIDAD URBANA SOSTENIBLE

En los últimos años se ha añadido una tendencia más a los planes de movilidad urbana, la inclusión de la preocupación por la sostenibilidad. En este sentido se ven dos grandes intereses, que son el fomento del uso del transporte público y el uso de medios de transporte alternativos no contaminantes (principalmente la bicicleta). Esto sirve a un doble propósito:

- **Reducción de las emisiones de CO_2:** la principal diferencia con respecto al transporte privado es que el nivel de emisiones que se genera por persona es menor, ya que, por definición, el transporte público es compartido.

- **Reducción del espacio de ocupación de las calles:** la acumulación de vehículos es un problema añadido a la contaminación. Ante los atascos y embotellamientos, el tiempo medio de desplazamiento se dispara; en algunas ciudades el tiempo que se emplea en estacionar es el doble que el que se emplea en el propio trayecto. Esto provoca una sobrecarga de vehículos en las calles de las ciudades y una red de tráfico más lenta, colapsada y contaminante.

LA DIMENSIÓN SOCIAL

Los planes de movilidad tienen un impacto social importante y es que, si se priorizan ciudades en las que el transporte privado sea la única opción para una correcta comunicación de los distintos distritos o áreas se genera una situación de desigualdad social para las personas que no poseen un vehículo propio.

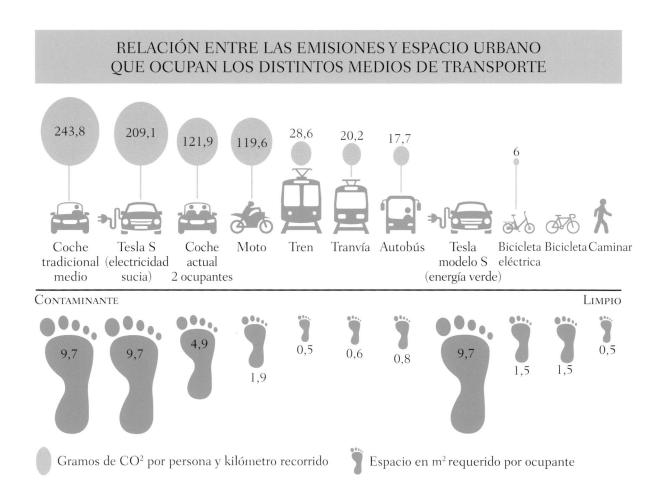

RELACIÓN ENTRE LAS EMISIONES Y ESPACIO URBANO QUE OCUPAN LOS DISTINTOS MEDIOS DE TRANSPORTE

243,8 — Coche tradicional medio
209,1 — Tesla S (electricidad sucia)
121,9 — Coche actual 2 ocupantes
119,6 — Moto
28,6 — Tren
20,2 — Tranvía
17,7 — Autobús
— Tesla modelo S (energía verde)
6 — Bicicleta eléctrica
— Bicicleta
— Caminar

CONTAMINANTE — LIMPIO

9,7 · 9,7 · 4,9 · 1,9 · 0,5 · 0,6 · 0,8 · 9,7 · 1,5 · 1,5 · 0,5

Gramos de CO_2 por persona y kilómetro recorrido

Espacio en m^2 requerido por ocupante

Esto puede limitar aspectos tan fundamentales como la movilidad laboral y la conciliación familiar (alargando el tiempo dedicado al trabajo por la suma de los tiempos de los desplazamientos junto con la duración de la jornada laboral).

NUEVAS INICIATIVAS

Además del fomento del transporte público y el uso de la bicicleta, se observa una nueva tendencia hacia el uso de vehículos de transporte compartido personales, como son las empresas de patinetes, motocicletas o automóviles eléctricos que mediante un sistema de suscripción permite a los usuarios utilizar estos métodos de transporte más sostenible para sus desplazamientos sin necesidad de adquirir la propiedad de los mismos.

Sin embargo, también suponen nuevos desafíos, especialmente a la hora de definir los lugares habilitados para su estacionamiento para prevenir el colapso del acerado o las zonas peatonales o la dificultad de las personas residentes en zonas que reciban especial presencia de visitantes (como zonas turísticas), que se quedan sin opciones para estacionar sus propios vehículos.

Por tanto, se puede definir la movilidad sostenible como una estrategia en constante cambio, que requiere de una adaptación continua a los cambios en las tendencias y hábitos de los desplazamientos en las ciudades, que cambian con la misma forma y crecimiento que las ciudades y que depende de un uso coherente por parte de la ciudadanía de los distintos medios de transporte disponibles, de una apuesta por parte de las administraciones por una red de transporte eficiente y sostenible y por las iniciativas privadas que busquen fomentar nuevas redes que limiten las emisiones. Es un esfuerzo conjunto por definir el espacio común que son las ciudades en cualquier parte del mundo.

LA AGENDA 2030: NO DEJAR A NADIE ATRÁS

Desarrollo sostenible es satisfacer las necesidades presentes sin comprometer a las futuras generaciones basado en tres pilares: el crecimiento económico, el cuidado del medio ambiente y el bienestar social. Se trata de un tema a abordar a nivel mundial, sin dejar a nadie atrás. Por ello, la ONU estableció el marco de la Agenda 2030 para el Desarrollo Sostenible, con unas metas globales a alcanzar en el año 2030.

La sostenibilidad se basa en la capacidad de un sistema para mantener su funcionamiento y equilibrio a lo largo del tiempo, afrontando las presiones socioeconómicas y las restricciones ecológicas a largo plazo. Estos son los tres pilares del desarrollo sostenible: económico, social y del medio ambiente.

El término «Desarrollo Sostenible» aparece por primera vez en 1987 en el Informe Brundtland, llamado «Nuestro futuro común», cuando se creó la Comisión Mundial sobre el Medio Ambiente y el Desarrollo de la ONU. Cuestiona el modelo de producción y consumo y hace un llamamiento a transformar el concepto de desarrollo incluyendo: la dimensión económica, social y medioambiental.

Este concepto se materializa en la Declaración de Río sobre el Medio Ambiente y el Desarrollo, aprobada en la Segunda Cumbre de la Tierra, en Río de Janeiro

(Brasil) en 1992. Esta declaración sienta las bases para la protección del medio ambiente como parte integral del proceso de desarrollo e insta a los gobiernos a fomentar la legislación necesaria para asegurar su cuidado y reparación. Para lograr dicha protección del medio y de la sociedad se establece un listado de asuntos que deben ser abordados a nivel mundial, nacional y local, conocidos como Agenda o Programa 21. Para alcanzar el desarrollo sostenible se establecen los Objetivos del Milenio, ocho propósitos de desarrollo humano acordados por los 189 países miembros en el año 2000 a cumplir en el año 2015.

Las metas eran iguales para todos los países. No se tuvo en cuenta la situación de partida de cada país, ni sus capacidades y recursos para alcanzarlas. Además, se entendieron como objetivos no interrelacionados, lo que implicó que en algunos países se dedicaran todos los recursos a algunos de los objetivos que se consideraban más relevantes para el desarrollo y otros quedaran sin implementar. Sin embargo, los logros obtenidos fueron espectaculares: el hambre y la pobreza extrema disminuyeron casi a la mitad, se bajaron los índices de mortalidad infantil y aumentaron los de escolarización. Esos resultados impulsaron a la ONU en 2015 a profundizar en esos retos para alcanzar objetivos aún más ambiciosos con la Agenda 2030 para el Desarrollo Sostenible.

Tras un proceso de más de dos años de consultas públicas e interacción entre sociedad civil y gobiernos, en septiembre del año 2015 se celebró en Nueva York la Cumbre de las Naciones Unidas sobre el Desarrollo sostenible, en la cual se pactaron los Objetivos de Desarrollo Sostenible (ODS) y la Agenda 2030 con el lema «un plan de acción a favor de las personas, el planeta y la prosperidad: no dejar a nadie atrás».

Los 17 Objetivos de Desarrollo Sostenible que abarca la Agenda 2030 representan grandes retos globales a los que se enfrenta la humanidad durante este siglo con el fin de lograr una vida digna para todos, tanto las generaciones presentes como las futuras.

Una de sus diferencias principales con los ODM es que se integran las empresas como agentes que pueden adoptar estos objetivos. Siendo la fuente mundial de actividad económica, son un gran factor de cambio, así que con la Agenda 2030 las convierte en aliadas indispensables para mejorar las condiciones sociales y ambientales del mundo. Nunca habíamos tenido una agenda común de tal alcance y universal. Requiere la participación de múltiples actores, no solo de gobiernos y público sino también de sindicatos, ONG, universidades, ciudadanía y sector privado, siendo la primera agenda que pone las empresas privadas como papel activo. Las palabras que definen la Agenda 2030 para el Desarrollo Sostenible son:

- **Universal,** porque sus beneficios deben ser para todos y lograrlo es responsabilidad de todos.
- **Indivisible,** porque insta a abordar los 17 Objetivos en conjunto y deben ser implementados según las realidades y capacidades de cada país.
- **Integral,** porque conjuga las tres dimensiones del desarrollo: económico, social y ambiental.
- **Civilizatoria,** porque busca poner en el centro a la persona y dotarla de las capacidades necesarias para alcanzar su propio desarrollo.
- **Transformadora,** porque requiere alternativas a nuestra manera habitual de hacer las cosas.

LAS 5P DEL DESARROLLO SOSTENIBLE

La Agenda 2030 es una hoja de ruta a favor de las personas, planeta, prosperidad, paz, alianzas, que son las 5P del desarrollo sostenible y en las que se pueden englobar sus 17 objetivos:

- *People* **(personas):** se quiere erradicar la pobreza y el hambre en todas sus formas y asegurar la dignidad e igualdad de todas las personas. Son los ODS del 1 al 5.
- *Planet* **(planeta):** debemos asegurar un ambiente digno para las futuras generaciones proteger los recursos naturales del planeta combatiendo el cambio climático. ODS del 8 al 15.
- *Prosperity* **(prosperidad):** un mundo donde todas las personas tengamos acceso a vidas productivas y satisfactorias, beneficiándose del progreso económico, tecnológico y social. ODS del 7 al 11.
- *Peace* **(paz):** se quiere fomentar sociedades pacíficas, justas e inclusivas. ODS 16.
- *Partnership* **(alianzas):** para implementar la Agenda 2030 a través de alianzas globales sólidas y mecanismos de cooperación internacional. ODS 17.

OBJETIVOS, METAS E INDICADORES

Para marcar acciones concretas y poder cuantificar los resultados, es importante no ir al ODS en general, sino a sus metas e indicadores de medición. Cada objetivo tiene sus propias metas, que son de dos tipos:

- Las que marcan un hito para alcanzar, enunciadas con números.
- Las relativas a los medios de implementación, enunciadas con letras.

Para su seguimiento, se diseñaron 232 indicadores con los que se puede cuantificar el resultado con datos estadísticos.

Por ejemplo: el ODS 14, «Vida submarina»:

14.1. De aquí a 2025, prevenir y reducir significativamente la contaminación marina de todo tipo, en particular la producida por actividades realizadas en tierra, incluidos los detritos marinos y la polución por nutrientes.

INDICADOR: 14.1.1 Índice de eutrofización costera y densidad de detritos plásticos flotantes.

14.b. Facilitar el acceso de los pescadores artesanales a los recursos marinos y los mercados.

INDICADOR: 14.b.1 Progresos realizados por los países en el grado de aplicación de un marco jurídico, reglamentario, normativo o institucional que reconozca y proteja los derechos de acceso para la pesca en pequeña escala.

LA PREVISIÓN DEL CLIMA FUTURO: LOS MODELOS DE PREVISIÓN CLIMÁTICA

Conocer las características del clima del futuro es clave para comprobar cómo serán las condiciones climáticas más adelante y ver cómo afectarán al planeta, tanto al medio ambiente como al bienestar social y económico. De esta necesidad surgen los modelos de previsión climática, que se utilizan para realizar proyecciones del cambio climático.

Los modelos que se utilizan para conocer el clima del futuro representan un complejo estudio con múltiples parámetros a medir a través de la simulación de los procesos biológicos, físicos y químicos terrestres. Sirven para parametrizar los intercambios de materia del sistema climático, pero son modelos extremadamente complejos. De esta manera, se establecen diferentes escenarios de cambio climático para proporcionar información sobre posibles impactos y así poder evaluar estrategias de mitigación y adaptación.

Los modelos climáticos representan una técnica básica para el estudio y avance en nuestra comprensión y predicción del cambio climático. Esta evaluación nos acerca a generar escenarios de cambio climático.

El IPCC (*véase ¿Qué es el IPCC?*, pág. 72) utiliza los modelos más complejos para conocer cómo funcionará el sistema climático y simular las posibles condiciones futuras, estableciendo de este modo escenarios de emisiones.

Los escenarios de cambio climático proporcionan información de sus posibles impactos en el planeta, pero deben ir siempre acompañados de cierto grado de incertidumbre debido a la complejidad de su estudio. No se trata de una reproducción fidedigna de las condiciones climáticas en un momento concreto, sino del resultado global de los datos en un tiempo concreto (normalmente hablamos de espacios temporales de unos 150 años). Por lo tanto, no se trata de los típicos pronósticos del tiempo que acostumbramos ver en el noticiario, sino que estamos hablando de una tendencia a largo plazo.

Por otro lado, el grado de incertidumbre sobre estos resultados también aumenta teniendo en cuenta la imposibilidad actual de conocer cómo avanzará el sistema socio-económico de la humanidad y cómo afectarán las medidas de mitigación y adaptación al cambio climático. Por ello, los resultados de estos modelos se denominan «proyecciones» de cambio climático, ya que dependen de la evolución del sistema y de los niveles de emisiones, que con las actuales políticas, podrían cambiar bastante.

En cualquier caso, aunque la incertidumbre sobre los escenarios de futuro sea muy alta, y a pesar de la concienciación y el optimismo de algunos gobiernos, todos los estudios coinciden en la subida de temperatura de la Tierra debido a las actividades humanas.

¿QUÉ ES UN MODELADOR CLIMÁTICO?

Como hemos visto, el estudio de los modelos climáticos requiere de un análisis de múltiples factores, así como una tecnología computacional muy avanzada. Por ello, el IPCC aglutina una serie de modeladores climáticos a varios niveles institucionales que puedan recoger datos e interpretar los resultados de los modelos climáticos.

Por ejemplo, los servicios meteorológicos locales y nacionales aportan datos de la climatología local o los departamentos o grupos de investigación de universidades que desarrollan estudios específicos.Por otro lado, en la actualidad hay 15 laboratorios y centros internacionales que aportan datos y estudian los modelos climáticos. Los más conocidos son el Centro Nacional de Investigación Atmosférica (NCAR, EE.UU.), el Instituto Max Planck de Meteorología (Alemania) o el Centro Hadley para la Predicción del Clima y la Investigación (Reino Unido). Todos ellos trabajan coordinados por el Programa Mundial de Investigaciones Climáticas y la Organización Meteorológica Mundial.

La mejora que han experimentado los modeladores climáticos en la actualidad permiten más intercambio de datos entre científicos y por tanto mayor capacidad para simular informáticamente todas las variaciones del planeta. Cuestiones como el aumento de dióxido de carbono, la modelización de fenómenos como huracanes o sequías, los cambios de comportamiento humano que se asocian al cambio climático (deforestación, migración ...), etc; han experimentado un auge de datos con la mejora tecnológica y el resultado público de esas conclusiones ofrece estudios más completos y certeros.

CRECIMIENTO DEL MODELADOR CLIMÁTICO

Evolución histórica de las variables que se han ido introduciendo en los modelos climáticos desde 1960 hasta la actualidad.

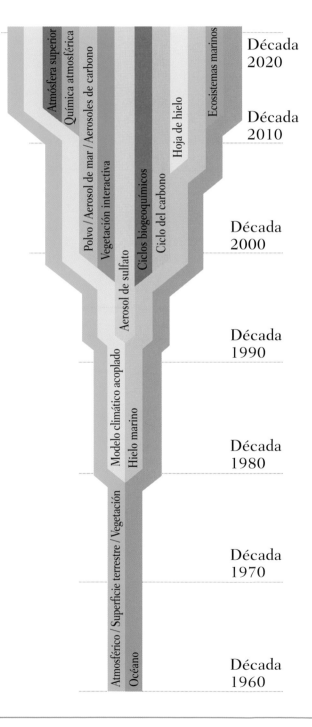

LAS EMISIONES Y LA INDUSTRIALIZACIÓN

Las emisiones de gases de efecto invernadero tienen una fuerte vinculación con el nivel de industrialización de los países, debido principalmente a la demanda energética que supone el mantener la actividad productiva en funcionamiento. Aunque no es el único factor que determina el reparto de emisiones a nivel global, ya que hay que considerar factores como la fuente de energía empleada y los niveles de población que también son determinantes en las emisiones de CO_2 de los distintos países.

El impacto ambiental de la actividad industrial en la atmósfera es innegable y comienza a imponerse una mentalidad de cambio necesario, aunque de una forma tan lenta que en este momento no es suficiente para revertir la situación.

LOS PAÍSES MÁS CONTAMINANTES

En este contexto, cuando hablamos de los países más contaminantes nos referimos a aquellos que emiten un mayor número de toneladas de CO_2 a la atmósfera. El término «contaminación» es mucho más amplio y no solo abarca las emisiones de gases de efecto invernadero, sino también los residuos químicos, nucleares, contaminación del agua y la acumulación de residuos en general. Sin embargo, para facilitar la lectura del tema, se considerará tan solo el volumen global de emisiones.

Las dos naciones más contaminantes del planeta son China y Estados Unidos y no sorprende el hecho de que las economías más fuertes del planeta estén dentro de los 20 países que más emisiones generan. No podemos olvidar, sin embargo, que, en el caso de China e India, el volumen de población es un rasgo muy significativo, ya que si en lugar de analizar las emisiones de CO_2 globales, analizamos la que son por habitante, pasan del primer y tercer puesto a salir de los 30 primeros, ya que se encuentran entre las zonas más pobladas del mundo. La otra cara de la moneda son los países africanos, que se encuentran entre los menos contaminantes, especialmente en la zona de áfrica central, siendo las regiones más contaminantes de este continente Sudáfrica y la zona mediterránea.

En términos generales, los países con mayores emisiones se concentran en Norteamérica, Europa, Asia y Oceanía, aunque cabe destacar también los países de la península arábiga, donde las emisiones se deben principalmente al uso, extracción y refinamiento del petróleo como principal fuente de energía.

Atendiendo a la distribución de los datos de emisiones, vemos que existe una clara diferencia Norte-Sur, que apareja una desigualdad en cuanto al aporte de los países a las toneladas de CO_2 liberadas y, sobre todo, a la ratio de emisiones por habitante. En esto influyen tanto los niveles de industrialización de cada país, como los hábitos de consumo y las fuentes de energía empleadas (aquellos países que apuestan por energías alternativas al petróleo o el gas natural, como la nuclear o las renovables, tienen unos niveles de emisiones más bajos que sus vecinos).

EL MERCADO DE BONOS DE EMISIÓN

En el acuerdo del protocolo de Kioto, firmado en el año 1997, se establecieron unos límites de emisiones específicos para cada país firmante del acuerdo, lo cual generaba una situación de desigualdad entre las naciones que superaban con mucho sus niveles permitidos y aquellas que no se acercaban a los mismos.

Para fomentar una reducción global de las emisiones se estableció un mercado de bonos de emisión, cuyo funcionamiento consiste en que aquellos países que superan sus emisiones permitidas pueden comprar los derechos de emisión de países por debajo de su límite. La idea que se perseguía con este planteamiento era ganar tiempo para que las medidas de

reducción de carbono de los países más contaminantes dieran su fruto (apuesta por energías renovables y economías bajas en carbono), pero al mismo tiempo mantener las emisiones globales bajo control. Además, se pretendía que los ingresos extra generados por la venta de bonos por parte de los países menos industrializados y, por tanto, menos contaminantes, pudieran invertirse en planes de desarrollo.

Junto a este mercado se han establecido otros de carácter voluntario, que son usados principalmente por empresas, de modo que al comprar bonos de emisión pueden compensar las emisiones de gases de efecto invernadero que provoca su actividad productiva y llegar a ser empresas neutras en carbono.

La contrapartida de estos mercados es que son una forma de mantener actividades contaminantes que generan una emisión de CO_2 sin transformar los procesos industriales para minimizar el impacto ambiental, ya que se basan exclusivamente en la compensación de las emisiones generadas, sin plantear una reducción o eliminación de las mismas.

EMISIONES DE CO_2, TONELADAS PER CÁPITA, 2019

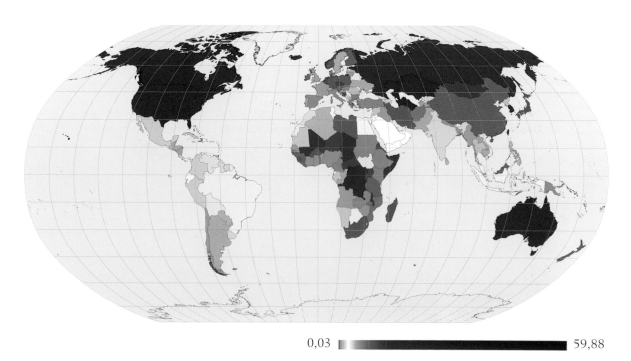

0,03 ▬▬▬▬▬▬▬▬▬▬▬▬ 59,88

ECONOMÍA SOSTENIBLE

El mundo necesita un patrón de desarrollo que aúne la economía, la sociedad y el medio ambiente, representando los tres pilares por igual, de modo que la economía deje de ser el centro de todo y favorezca con sus acciones el bienestar social y la salud del planeta. Para ello, actividades como la agricultura y la ganadería o el consumo de la energía deben atenerse a un nuevo modelo económico en el que la conciencia ecológica marque desde el etiquetado de un producto hasta el modelo de eficiencia energética.

EFECTOS DEL CAMBIO CLIMÁTICO EN LA AGRICULTURA

La agricultura es un sector productivo profundamente ligado a las condiciones naturales, ya que tiene una dependencia muy fuerte del tipo de suelo, la temperatura y las precipitaciones. Estos tres factores se encuentran entre el listado de elementos afectados de manera determinante por el cambio climático, por lo que está ligado de manera inseparable al futuro agrario.

La agricultura es un sector que abarca un número enorme de cultivos, que implican a especies muy distintas, vinculadas a condiciones climáticas concretas y también a variaciones estacionales (los cultivos de temporada), por lo que resulta imposible establecer una serie de consecuencias del cambio climático que vayan a ser comunes a todos los cultivos, en todas las zonas del planeta, en todas las épocas del año. Sin embargo, sí que existen unas tendencias comunes que permiten establecer una serie de agrupaciones por las principales consecuencias de las variaciones en el clima y su efecto en el ámbito agrario.

MODIFICACIONES EN LA DEMANDA HÍDRICA
Los cambios en las precipitaciones no van a ser comunes en todas las zonas del planeta, ya que afectarán de manera distinta a los tipos de clima y a las variaciones estacionales, sin embargo, de manera genérica, algunos climas, como el mediterráneo, tenderá a ser más seco, mientras que otros, como el continental tenderá a ser más húmedo (*véase ¿Qué es el clima?*, pag. 6).

Esto supone que para algunos cultivos que requieren un mayor aporte de agua, se reducirá el estrés hídrico provocado por la demanda de riego que ejerce presión sobre la disponibilidad de agua en los acuíferos, pero se sufrirá el efecto contrario en las zonas mundiales donde disminuyan las precipitaciones. A consecuencia de estos cambios, los cultivos de regadío serán menos viables en las zonas que afronten una disminución de las precipitaciones.

MAPA DE LA PRESIÓN HÍDRICA MUNDIAL

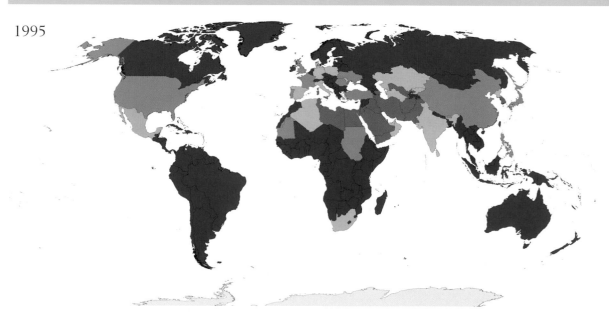

1995

Un aumento de las precipitaciones es positivo por la disminución de riego, pero acarrea otros problemas, como la proliferación de plagas y un aumento de la erosión del suelo por efecto de la lluvia, lo que conlleva un empobrecimiento del suelo y un aumento de abonos y nutrientes.

MODIFICACIONES EN LA TEMPERATURA

El aumento de la temperatura del planeta genera consecuencias en la agricultura, en lo relativo a los periodos de floración, crecimiento y producción. Una mayor temperatura permite etapas de crecimiento mayores y un aumento general de la productividad agrícola, pero acarrea problemas en las etapas de floración y aumenta el riesgo de daños antes de la obtención del fruto. Además hay que hablar de la vernalización, que es el número de horas de frío que debe pasar una especie para que la floración se dé de manera correcta. Un ejemplo clásico de esto son los cerezos. Cuando durante el invierno se dan unas temperaturas anormalmente altas, al llegar la fase de floración, esta se reduce drásticamente, lo que conlleva una disminución de la producción del fruto.

También los fenómenos climáticos extremos se agravan, de modo que, en zonas fría, o con va-riaciones muy significativas entre el verano y el invierno, aumenta el riesgo de las heladas, lo que perjudica seriamente a la productividad agrícola. Las tormentas de granizo o fenómenos como las ciclogénesis provocan la pérdida de toda la producción.

LA PÉRDIDA DE SUELO

Un fenómeno consecuencia del cambio climático y factores humanos como la sobreexplotación de recursos es la desertificación; es decir, el agotamiento del suelo (recurso no renovable) por efecto de la explotación agrícola desmedida, el uso excesivo de agua, la erosión y la compactación del suelo como consecuencia, de la construcción mal planificada o el uso indebido del suelo. Esto provoca una reducción del potencial agrario de los terrenos degradados y la necesidad de aportes de agua o nutrientes.

Un mal uso del suelo, sumado a los cambios en las precipitaciones y las temperaturas supone una amenaza a nivel global que provoca su pérdida o degradación. La agricultura se convierte en estas zonas en un sector amenazado, ya que eleva los costes de producción y hace que el cultivo de determinadas especies vegetales deje de ser viable.

2025

Extracción de agua como porcentaje del total disponible

- Más del 40 %
- 40 % - 20 %
- 20 % - 10 %
- Menos del 10 %

ADAPTACIONES DE LOS CULTIVOS AL CAMBIO CLIMÁTICO

Las personas que trabajan en el sector de la agricultura son conscientes de la amenaza que supone para su futuro el cambio climático y son las primeras en notar el impacto directo sobre su actividad. Actualmente ya se están tomando medidas de adaptación para combatir estos efectos negativos y así mantener el futuro de la producción agraria en todo el mundo. Existen multitud de iniciativas, pero las principales se pueden englobar con base en el problema en el que se centran.

La estrecha relación entre agricultura y cambio climático se centra en problemas como el estrés hídrico o el empobrecimiento del suelo, aunque, por supuesto, muchos otros factores influyen, como la desertificación o la subida de las temperaturas. Cambiar estas tendencias tiene mucho que ver con las medidas que se tomen en la agricultura mundial.

PROTECCIÓN DEL SUELO
Para evitar la pérdida y la degradación del suelo se están empleando nuevas técnicas de gestión, como por ejemplo el uso de cobertura vegetal del suelo con especies herbáceas, restos de poda, o restos de la extracción de cosechas anteriores. De esta forma se consiguen varios objetivos:

• **Protección del suelo de la erosión,** al no estar al descubierto siempre.

• **Mejora de la retención de agua y humedad,** al reducirse la infiltración del agua a las capas más profundas del suelo.

• **Mejora de la presencia de microorganismos** por la existencia de descomponedores de la materia orgánica.

• **Reducción de la necesidad de aporte de abonos orgánicos,** ya que los nutrientes proceden de la propia descomposición de la materia orgánica.

Otra de las opciones más empleadas es la rotación de cultivos, seleccionando especies que actúen como fijadoras de nitrógeno u otros nutrientes, de modo que se regenere el suelo dando un descanso entre el uso para cultivos más demandantes de recursos y otros que requieran un menor aporte o tengan capacidad regenerativa.

USO EFICIENTE DEL AGUA
La gestión de los recursos hídricos es clave para el mantenimiento del sector agrícola, tanto por la viabilidad de los cultivos como por la reducción de costes en caso de que sea necesario buscar fuen-

tes de riego. Para apostar por un uso eficiente y sostenible de este recurso se están implementando planes de investigación y desarrollo tecnológico para la obtención y seguimiento de datos, de tal manera que mediante la distribución de sensores de humedad se puedan saber con exactitud los momentos en los que es necesario un aporte extra de humedad al suelo mediante el riego y cuándo no es necesario.

El uso de estos sensores se utiliza en combinación con los datos procedentes de las estaciones meteorológicas para poder establecer también modelos predictivos en función de cuándo se producirán las lluvias, para evitar temporadas largas sin aporte de agua o fases de riego antes de precipitaciones abundantes.

Una de las medidas más sencillas para mejorar el uso y gestión del agua en la agricultura es la planificación de los cultivos, mediante un análisis previo de las condiciones climáticas, régimen de precipitación general de una zona y características del suelo (en cuanto a nutrientes, capacidad de retención de agua, cercanía de acuíferos, etc.), de tal modo que analizando las características propias de la zona se seleccione el cultivo más adecuado evitando tener que suministrar aportes extra de agua que hagan viable la explotación agraria de una especie no adaptada a las condiciones climáticas.

MEJORA DE LA BIODIVERSIDAD

Los monocultivos suponen una disminución de la biodiversidad en una zona concreta, ya que suponen la eliminación de las especies vegetales presentes en la misma (a excepción de la especie cultivada) y las posibles especies polinizadoras asociadas a esa especie. Esto también facilita la aparición de plagas, ya que se trata de una concentración muy alta de una sola especie sin que existan potenciales competidores o predadores de la especie de insecto responsable de dichas plagas.

Un aumento de la biodiversidad mediante, por ejemplo, el cultivo de especies herbáceas asociadas, plantas aromáticas o plantas con alta capacidad de fijación del nitrógeno, supone varios efectos positivos:

- **Atracción de polinizadores naturales,** como abejas y otros insectos.
- **Aumento de la riqueza del suelo** en nutrientes y presencia de microorganismos.
- **Posibles alianzas entre especies simbióticas** como micorrizas.
- **Control biológico de plagas,** cuando una especie inocua para el cultivo se alimenta de otros insectos responsables de plagas.

Los coccinélidos son consumidores voraces de pulgón, por lo que suponen un método respetuoso en el control de plagas.

El cultivo de hortalizas, viñedos o frutales se ve muy beneficiado con la cobertura vegetal del suelo, que lo protege del empobrecimiento, la erosión y la pérdida hídrica.

EL CAMBIO CLIMÁTICO Y LA GANADERÍA

Al igual que la agricultura, la ganadería es una de las actividades productivas más antiguas de la humanidad. Se realiza en todo el planeta y su capacidad de producción se ha multiplicado exponencialmente a lo largo de las últimas décadas, siendo uno de los pilares que sustentan la seguridad alimentaria mundial. Se trata por tanto de un sector prioritario que no solo está amenazado por el cambio climático, sino que, según cómo sea su gestión, puede contribuir al mismo.

Antes de tratar el impacto del cambio climático sobre la ganadería conviene establecer dos principales categorías o tipos de explotaciones ganaderas, ya que, al existir diferencias significativas entre ellas, los efectos de cualquier fenómeno externo (como el cambio climático), tendrán un impacto distinto.

GANADERÍA EXTENSIVA

Se corresponde con el modelo de explotación ganadera que a veces se denomina como «tradicional», en el que el ganado obtiene su alimento del propio terreno mediante el pastoreo. Los animales pueden moverse libremente por los terrenos delimitados para su uso y son confinados cuando lo requieren las condiciones externas (climáticas) o bien por cuestiones facultativas (veterinarias). Es un modelo de explotación ganadera que cumple con servicios ecosistémicos, ya que el pastoreo sirve para el desbroce y el abono del terreno, protege la biodiversidad y facilita la gestión de incendios forestales al cumplir una labor de desbroce del terreno. Los aportes externos de alimento (o insumos), se limitan a las temporadas en las que la zona de pastos no aporta la suficiente cantidad de nutrientes.

GANADERÍA INTENSIVA

Son explotaciones ganaderas normalmente de mayor tamaño que la ganadería extensiva en cuanto a número de animales y capacidad de producción. Los animales están estabulados y son alimentados con insumos, como pienso, de modo que su alimentación no depende de la capacidad productiva de pastos del terreno. Al no producirse pastoreo no se presta un servicio ecosistémico y son un sistema cerrado, desconectado del ecosistema de la zona.

EFECTOS DEL CAMBIO CLIMÁTICO EN LA GANADERÍA EXTENSIVA

Al tratarse de un modelo de explotación ganadera que depende de la capacidad productiva de la zona para abastecer de alimento al ganado, la principal

La ganadería extensiva o tradicional se basa en el pastoreo libre y es ecosostenible.

amenaza que afronta es la disponibilidad de los pastos. Esta disponibilidad se ve amenazada por el cambio climático por el efecto combinado de tres factores:

• **La falta de precipitaciones:** el aumento de las temporadas de sequía perjudica principalmente a las especies herbáceas y de matorral, cuya supervivencia se ve seriamente amenazada por la falta de lluvias.
• **Especies invasoras:** las especies invasoras desplazan a las autóctonas y alteran los equilibrios ecosistémicos, provocando una pérdida de biodiversidad que dificulta la recuperación de los espacios degradados.
• **La pérdida de suelo:** bien por el efecto de la desertificación, la sobreexplotación o la pérdida de abono y materia orgánica, el deterioro del suelo, especialmente en sus capas superficiales, impide la proliferación de los pastos.

Existen algunas zonas concretas, como por ejemplo en zonas de baja montaña o climas fríos donde la temperatura está aumentando, la disponibilidad de pastos aumentará por efecto del aumento de la temperatura media del planeta, pero se corresponde con zonas donde por la falta tradicional de pastos, la ganadería extensiva no es un sector afianzado.

EFECTOS DEL CAMBIO CLIMÁTICO EN LA GANADERÍA INTENSIVA

En el caso de la ganadería intensiva, al tratarse de un sistema cerrado en el que los aportes de nutrientes proceden del exterior (piensos), la disponibilidad de los nutrientes no es un problema por sí misma, si bien en este caso estaría afectado por los problemas para cultivar dichos piensos (*véase* Efectos del cambio climático en la agricultura, pág. 98). Sin embargo, la disponibilidad de los recursos hídricos sí es un factor limitante.

La capacidad de transporte y abastecimiento de piensos resulta mucho más sencilla que el transporte del agua necesaria para una explotación ganadera (especialmente de ganado vacuno), donde los requerimientos diarios superan con facilidad los miles de litros.

Por tanto, la ganadería intensiva ya supone una fuerte presión sobre los acuíferos. Si estos últimos, por efecto de la disminución de las temperaturas, disminuyen su capacidad de recarga, también queda comprometida la viabilidad de las explotaciones de ganadería intensiva en la zona abastecida por dicho acuífero.

Otro de los factores a tener en cuenta es que, a pesar de la mayor independencia de este tipo de ganadería con respecto al ecosistema, existen factores de riesgo por efecto del cambio climático que siguen siendo preocupantes:

• **Aumento de enfermedades:** se deben principalmente a dos factores: por un lado, el estrés térmico provocado por el incremento de las temperaturas, que puede favorecer el aumento de determinadas patologías; y, por otro lado, la proliferación de plagas y enfermedades por los cambios en las condiciones climáticas.

La ganadería intensiva con reses estabuladas alimentadas con pienso se desconecta del ecosistema de la zona.

- **Disminución de la productividad ganadera:** la capacidad productiva óptima de una explotación ganadera está condicionada a que las condiciones ambientales se encuentren dentro de una horquilla favorable para las distintas especies (ganado porcino, vacuno u ovino) y, a medida que se hacen más extremas, los parámetros se acercan a los límites de dicha horquilla condicionando la productividad.

- **Bienestar animal:** en las explotaciones de ganadería intensiva, las condiciones en las que se encuentran los animales son menos favorables que en la extensiva, principalmente por la cantidad de espacio disponible, la estabulación y el hecho de que los animales están relegados a un espacio reducido del que no pueden salir. Estas condiciones de hacinamiento y el hecho de que todo el aporte de nutrientes se da en forma de piensos, facilita la proliferación de enfermedades y requiere de un mayor uso de medicamentos para combatirlas.

EL IMPACTO DE LA GANADERÍA EN EL CAMBIO CLIMÁTICO

Su relación con el cambio climático no es unidireccional, sino que funciona en ambos sentidos. El sector ganadero es una actividad presente en todo el mundo que genera un impacto ambiental asociado que produce la emisión de gases de efecto invernadero, contribuyendo a la aceleración del cambio climático.

En concreto, en el caso de la ganadería, son tres los gases cuyos niveles de emisión son motivo de preocupación. Se tratan del CO_2, el CH_4 y el N_2O.

EMISIONES DE CO_2 EN LA GANADERÍA

El origen de las emisiones del dióxido de carbono se relaciona por un lado, con el consumo energético necesario para el mantenimiento de las instalaciones ganaderas que lleva asociado unas emisiones de CO_2 siempre que la energía empleada no proceda de renovables o fuentes de energía limpias.

Por otro lado, la ganadería supone un cambio en los usos del suelo. En el caso de la ganadería intensiva, donde, al no producirse pastoreo y no prestarse un servicio ecosistémico, la compactación es muy elevada, limitando la capacidad del suelo de mantener una cobertura vegetal o actuar de posible sumidero de carbono, y limitando la actividad microbiana.

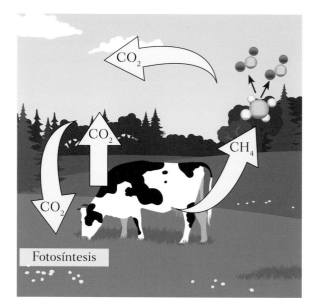

El metano expulsado por los animales al ambiente se oxida y se convierte en dos moléculas de dióxido de carbono donde entra en el ciclo del carbono.

También cabe mencionar que parte de las emisiones de dióxido de carbono asociadas a la ganadería se deben al transporte de la red de distribución de productos ganaderos.

EMISIONES DE CH_4 EN LA GANADERÍA

En el caso del metano, la principal causa de su emisión asociado al sector ganadero se basa en el proceso de la fermentación entérica de los rumiantes como parte de su proceso digestivo por acción de la flora bacteriana que permite la asimilación de los nutrientes. En este proceso digestivo cuyo fin principal es la degradación de la celulosa por los animales que se alimentan a base de vegetales, se acumula CH_4 en los intestinos que debe ser expulsado liberándose al ambiente.

Se debe tener en cuenta que no se trata de la cantidad de metano liberada por un individuo, sino de la suma de todas las explotaciones ganaderas existentes en el planeta a la hora de considerar las emisiones asociadas en la ganadería.

EMISIONES DE N_2O EN LA GANADERÍA

En el caso del óxido nitroso, su emisión se debe al añadido de abonos para el cultivo del pienso asociado a la ganadería, así como al proceso de fermentación de los residuos de estiércol como efecto de su descomposición bacteriana. Es relevante en el caso de la ganadería de especies avícolas, como las gallinas, ya que sus heces contienen una elevada cantidad de nitrógeno en forma de amoniaco.

ADAPTACIONES DE LA GANADERÍA AL CAMBIO CLIMÁTICO

Ante esta situación de la ganadería frente al cambio climático se están desarrollando varias estrategias:

- **Modificación de los modelos ganaderos:** buscando una apuesta por la ganadería extensiva en lugar de la intensiva, o bien modelos combinados, que permiten el aporte del servicio ecosistémico (mediante el pastoreo) y el mantenimiento saludable de los ecosistemas protegiendo la biodiversidad.

- **Cambio en las especies ganaderas:** seleccionando especies que se adapten mejor a las condiciones climáticas de cada zona limitando la cantidad de recursos externos necesarios para la viabilidad de la actividad productiva.

- **Modificación de la dieta de los animales:** buscando un proceso digestivo que minimice los efectos de la fermentación entérica y disminuya la liberación de metano a la atmósfera.

- **Combinación de modelos agrarios y ganaderos:** para mejorar el rendimiento de ambos, minimizar su impacto ambiental y lograr que los servicios ecosistémicos que aporta cada uno de los sectores sea complementario, realizando una actividad productiva más sostenible que fortalezca la calidad, complejidad y estabilidad del ecosistema.

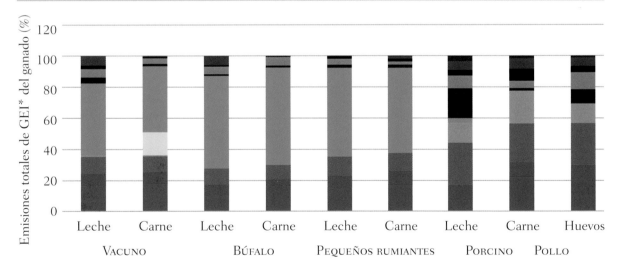

EMISIONES ASOCIADAS A LA GANADERÍA

Leyenda:
- Almacenamiento y aplicación de estiércol (N_2O)
- Cambios en el uso del suelo: soja (CO_2)
- Gestión de purines (NH_4)
- Procesados (CO_2)
- Residuos de fertilizantes y cosechas (N_2O)
- Cambio en el uso del suelo: pastos (CO_2)
- Gestión de estiércol y purines (N_2O)
- Pienso: arroz (NH_4)
- Alimentación (CO_2)
- Fermentación entérica (NH_4)
- Energía directa e indirecta (CO_2)

*GEI: gases de efecto invernadero

LOS HÁBITOS ALIMENTICIOS Y EL CAMBIO CLIMÁTICO

El tipo de alimentación o dieta que siguen las personas tiene un impacto directo sobre el cambio climático. Esto se debe a que los tipos de alimentos que se consumen proceden de un complejo proceso productivo y una red de distribución a nivel mundial que puede generar una importante huella de carbono asociada a cada producto, por lo que los hábitos de consumo individuales tienen una relación directa con la sostenibilidad.

El sector de la alimentación ha sufrido grandes cambios en los últimos 50 años. La producción de alimentos se ha disparado, han aparecido procesados, ultraprocesados, ultracongelados, precocinados y un sinfín más de nuevos métodos de preparación, conservación y consumo.

Además la globalización y la internacionalización de los mercados ha permitido la exportación de productos agrícolas, ganaderos y derivados, haciendo que determinados conceptos, como la fruta y verdura de temporada hayan desaparecido, y es que podemos encontrar todo tipo de alimentos durante todo el año en cualquier lugar del planeta.

LA HUELLA DE CARBONO DE LOS ALIMENTOS

No todos los métodos de producción agrícola o ganadera son igual de sostenibles, pero, independientemente de cómo de respetuosos sean con el entorno y el medio ambiente, todos llevan asociados un impacto ambiental y unas emisiones de CO_2, y lo mismo ocurre con el proceso de embalado, conservación y transporte, tanto hasta los centros de distribución como hasta los propios consumidores. La suma de estos procesos determina su huella de carbono.

Sin embargo, si bien todos los productos alimenticios tienen asociada una huella de carbono, existen diferencias significativas entre ellos. En general, los productos de la ganadería intensiva acumulan una mayor huella de carbono asociada, mientras que en los productos agrícolas la huella es menor, si proceden de cultivos ecológicos, policultivos o métodos alternativos de producción.

EL IMPACTO AMBIENTAL DE LAS DIETAS

Sabiendo que existen unos alimentos con mayor huella de carbono que otros, una dieta que sea rica en productos bajos en huella de carbono y que limite el consumo de los alimentos con mayor huella, resulta ser una dieta con menor impacto ambiental y emisiones asociadas que aquellas que abusan los productos que provocan mayores emisiones de CO_2.

Las dietas bajas en productos cárnicos, especialmente ternera y cordero, tienen una huella de carbono asociada menor, mientras que las dietas que incluyen grandes cantidades de carnes rojas suponen un mayor número de emisiones.

Algunos ejemplos de dietas de este tipo son las dietas vegetarianas o veganas, la dieta mediterránea, e incluso ya se habla de dieta climática o dietas flexibles, que buscan una selección de productos con el menor impacto posible para el medio, manteniendo un balance nutricional saludable, potenciando el consumo de frutas, verduras y cereales.

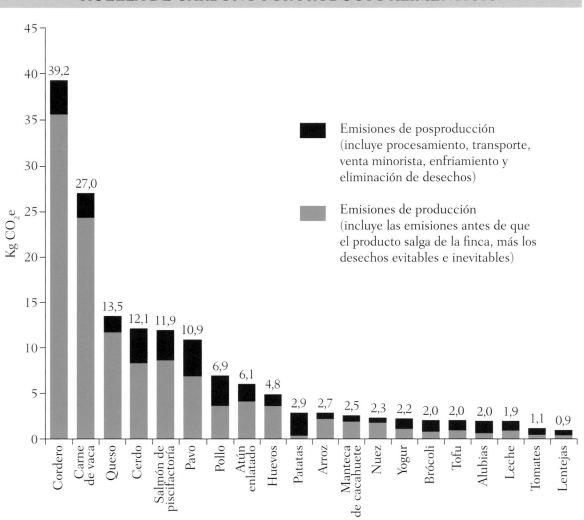

HUELLA DE CARBONO POR PRODUCTO ALIMENTICIO

Emisiones de posproducción (incluye procesamiento, transporte, venta minorista, enfriamiento y eliminación de desechos)

Emisiones de producción (incluye las emisiones antes de que el producto salga de la finca, más los desechos evitables e inevitables)

Kilogramo (Kg) de alimento consumido

BUENAS PRÁCTICAS AMBIENTALES EN LA ALIMENTACIÓN

Independientemente del tipo de dieta que se decida seguir, existen una serie de principios aplicables a cualquier zona del mundo y a cualquier elección alimentaria. Entre ellos los más importantes son:

• **Consumo de productos de km 0:** se dice de aquellos productos que se consumen en un radio inferior a 100 km de donde son producidos. No solo es una forma de fomentar las economías locales, sino también una manera de reducir la huella de carbono asociada al transporte de alimentos.

• **Priorizar las proteínas vegetales a las animales:** no se trata de eliminar la carne por completo, pero sí reducir su consumo apostando por el consumo de legumbres y cereales con elevado aporte proteico.

• **Consumir productos de temporada:** especialmente relevante en el caso de frutas y verduras, si se elige consumir productos propios de cada estación del año se reducen las necesidades de aporte de energía y nutrientes requeridos para la producción, ya que son especies adaptadas al clima de cada zona y de cada estación del año.

LAS HUELLAS QUE DEJAN NUESTROS PASOS

Cada día utilizamos objetos y consumimos recursos, a veces sin pensar en ellos como recursos naturales. Todos esos objetos y actividades que realizamos requieren de usar agua, aire, suelo y materia prima, y su consumo, fabricación y transporte tiene consecuencias en el medio. Esta huella que dejamos a nuestro paso es necesaria para saber cómo impactamos en el medio y visibilizar los recursos que necesitamos y gastamos.

El método de las huellas permite conocer cuál es la dependencia que tenemos de ciertos recursos naturales y facilita saber cómo los utilizamos y cuál es el impacto que tienen nuestras acciones en el medio ambiente. La huella ecológica, o *footprint* en inglés, es una herramienta que permite cuantificar el consumo de recursos naturales de un producto o una actividad concreta, ya sea de una persona o una organización. Se trata de un indicador clave para conocer la sostenibilidad de nuestras acciones, realizar comparaciones y analizar cómo es nuestro impacto día a día, pero su cálculo es muy complejo porque incluye muchas variables a tener en cuenta.

La huella ecológica es la superficie de tierra o agua necesaria para producir los recursos utilizados y para asimilar los residuos producidos por una población determinada en un lugar específico. De este modo, la huella ecológica se calcula determinando el terreno necesario para producir, como cultivos, pastos o mares, el área ocupada por edificios e infraestructuras y el área forestal necesaria para absorber las emisiones de CO_2. Una vez establecidas estas hectáreas necesarias, se puede comparar esta huella ecológica con la superficie disponible, llamada biocapacidad, y permitiendo analizar en qué medida nuestros hábitos de consumo están dentro o no de los límites de la naturaleza. La superficie utilizada no debería ser superior a la biocapacidad del terreno, pero actualmente hay un déficit ecológico: la huella ecológica a escala global es de 2,7 hectáreas per cápita y la biocapacidad es solo de 1,8.

Sin embargo, no todas las personas en todo el mundo tienen la misma huella ecológica, por lo que es interesante hacer una comparativa entre países y estilos de vida: el 80% de la población mundial tiene una huella ecológica por debajo de 1,8 hectáreas per cápita, siendo el 20% restante el que produce ese déficit ecológico.

Por otro lado, cuando hablamos de la marca que dejamos a nuestro paso por el planeta, también podemos referirnos a la cantidad de agua que consumimos, determinando esto la huella hídrica de una actividad o producto. Se trata de la cantidad de litros, el volumen de agua, que necesitamos para producir algo, por lo que se compone de tres aguas: agua azul, que es el agua dulce de acuíferos, lagos y ríos; agua verde, de la lluvia; y el agua gris, la contaminada tras el proceso.

También podemos identificar nuestro impacto a través de la huella de suelo, que nos indica la cantidad de terreno utilizado para producir ese bien o servicio. Sin embargo, actualmente solo es posible calcular esta huella de suelo en cultivos y pastos, es decir, en terrenos dedicados directamente a la agricultura.

Si nos referimos a las emisiones de carbono generadas para realizar alguna actividad, hablamos de huella de carbono. Se trata de cuantificar los gases liberados a la atmósfera por una actividad o un producto determinado. La unidad de medida más común para esos gases son toneladas de CO_2. Aunque se trata de un indicador bastante novedoso, el cálculo de la huella ecológica se utiliza tanto en la comunidad científica como en las instituciones y personas a nivel individual. Sin embargo, el deber analizar múltiples parámetros hace que su cálculo sea muy complejo y no existe una única herramienta, ya que depende del tipo de actividad que queramos medir.

La aplicación del cálculo de las huellas arroja grandes preocupaciones sobre el modo en el que habitamos en el planeta y cómo nuestras actividades le afectan en mayor o menor medida. Sin caer en catastrofismos ni ansiedad ambiental, es necesario replantearnos cómo nuestro modo de consumo genera un impacto y si estamos tomando medidas para evitarlo. Para resaltar este hecho desde 1997 se establece cada año el Día de Sobrecapacidad de la Tierra (en inglés, *Earth Overshoot Day)*, una fecha que marca el día del año en el que se han agotado los recursos naturales que nuestro planeta es capaz de producir en un año. En 1997 fue en septiembre, pero en 2020 ocurrió el 22 de agosto.

BIOCAPACIDAD ECOLÓGICA MUNDIAL

Abajo, mapa del mundo en 2017 tomado de GlobalFootprint Network en el que puede observarse con claridad cómo la huella ecológica de América del Norte, Europa y Asia supera a la biocapacidad; es decir, son deudores. En cambio, en América del Sur, África y Oceanía su biocapacidad es mayor que su huella ecológica.

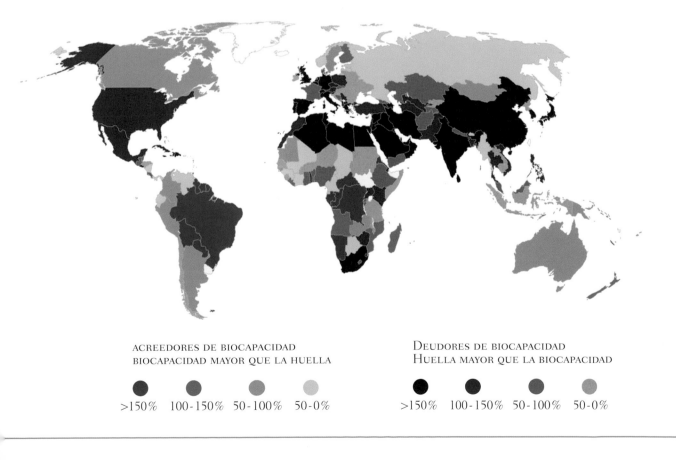

ACREEDORES DE BIOCAPACIDAD
BIOCAPACIDAD MAYOR QUE LA HUELLA

>150%   100-150%   50-100%   50-0%

DEUDORES DE BIOCAPACIDAD
HUELLA MAYOR QUE LA BIOCAPACIDAD

>150%   100-150%   50-100%   50-0%

EL FUTURO ENERGÉTICO

El futuro energético se presenta de manera dispar en el planeta. Existen dos grandes grupos o categorías en las cuales se espera un comportamiento o tendencia distinto. Por un lado, están los países más industrializados y por otro los países cuyo proceso de industrialización sigue avanzando. En el primer grupo las tendencias se dirigen a la eficiencia y la búsqueda de fuentes limpias de energía, en el segundo, se enfocan en el abastecimiento de la demanda energética.

Las previsiones en cuanto al futuro energético del planeta pasan por un aumento de la demanda, especialmente en Asia y África, ligado a los procesos de desarrollo industrial. El aumento de la demanda irá a la par con un aumento del consumo, si bien las medidas de eficiencia energética y las regulaciones provocarán en los países industrializados que la demanda aumente de manera más lenta y sostenida, pero en países en los que el proceso de industrialización y desarrollo avance de manera exponencial, así lo hará la demanda y consumo de energía.

LOS COMBUSTIBLES FÓSILES
Seguirán siendo la principal fuente de energía empleada a nivel mundial, aunque hay un cambio en la tendencia: el petróleo disminuirá frente al del gas natural y, en Asia, el consumo y producción de carbón aumentará. El auge del consumo del gas se deberá a su uso para la obtención de hidrógeno como fuente de energía. El hidrógeno procedente del gas natural supone tres cuartas partes del total empleado en el mundo como fuente de energía y/o combustible.

ENERGÍA NUCLEAR
El aumento de la demanda energética ha provocado también un aumento de la producción de energía nuclear. Es una de las alternativas a las fuentes de energía que generan emisiones de carbono, por lo que se espera que su producción aumente, aunque de manera menos intensa que las renovables.

LA ENERGÍA EN EL MUNDO

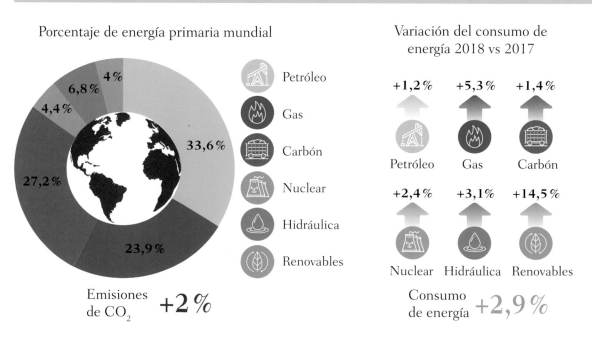

Porcentaje de energía primaria mundial

- 33,6% Petróleo
- 23,9% Gas
- 27,2% Carbón
- 4,4% Nuclear
- 6,8% Hidráulica
- 4% Renovables

Emisiones de CO_2 +2%

Variación del consumo de energía 2018 vs 2017

Petróleo	Gas	Carbón
+1,2%	+5,3%	+1,4%

Nuclear	Hidráulica	Renovables
+2,4%	+3,1%	+14,5%

Consumo de energía +2,9%

Sin embargo, no se puede despreciar su papel en el futuro energético debido a su gran capacidad productiva, a pesar de los riesgos asociados y los problemas ambientales que genera (los residuos radiactivos).

LAS ENERGÍAS RENOVABLES

Existen dos fuentes de energía renovables que han experimentado un crecimiento muy significativo cuya tendencia se mantiene al alza y que serán las principales responsables del aumento del porcentaje de energía limpia a nivel mundial:

• **Energía solar:** tanto fotovoltaica como termosolar, aprovechando la radiación solar para su transformación en energía eléctrica o calorífica.

• **Energía eólica:** mediante la instalación de campos de aerogeneradores, aprovechando la fuerza del viento para la generación de energía eléctrica.

Pero, a pesar de tratarse de energías renovables, no están exentas de un impacto ambiental negativo, ya que su instalación requiere de grandes espacios donde se elimina gran parte de vegetación (en el caso de la solar) y que pueden interferir con rutas de aves migratorias (en el caso de la eólica).

EL HIDRÓGENO VERDE

Si bien la mayor parte del hidrógeno empleado procede del gas natural, y, por tanto, de un combustible fósil, existen numerosas líneas de investigación y desarrollo enfocadas a la obtención de hidrógeno a través de una fuente que no genere residuos. Es el caso del hidrógeno verde, cuya obtención se debe al proceso de la electrólisis del agua. Este proceso permite la separación de los átomos que componen la molécula de agua (H_2O), obteniéndose por un lado oxígeno (O_2) y por otro hidrógeno (H_2).

El inconveniente es que requiere del aporte constante de una corriente eléctrica y si empleamos energía procedente de energías no renovables para obtener hidrógeno no se soluciona el problema de las emisiones y el impacto ambiental. Por ello la mayoría de las líneas de investigación apuestan por el uso de ciclos que combinen la energía procedente de fuentes renovables (solar y eólica), con la generación de hidrógeno verde.

ELECTRÓLISIS DEL AGUA

Proceso de obtención de hidrógeno verde por electrólisis del agua, que separa los atómos del H_2O obteniendo por un lado oxígeno (O_2) y por otro hidrógeno (H_2).

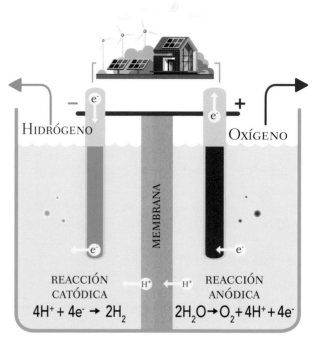

EFICIENCIA ENERGÉTICA

Al margen de la evolución de las distintas fuentes de energía disponibles, tanto renovables como no renovables, uno de los campos más imprescindibles para desarrollar y reducir el consumo energético es el de la eficiencia energética.

Este ámbito de estudio busca minimizar el gasto y el despilfarro energético haciendo los procesos lo más eficientes en cuanto al uso y consumo, de modo que se consiga el mismo rendimiento con un menor gasto. Si bien es algo que se puede observar a nivel doméstico (como la iluminación led, luces de bajo consumo, mejores electrodomésticos, etc.), donde adquiere una verdadera relevancia es en el ámbito industrial, donde la optimización de los procesos permite ahorrar grandes cantidades de energía que supone un ahorro de costes de millones de euros anuales a la vez que se traduce en millones de toneladas de CO_2 evitadas en cuanto a las emisiones.

ACCIONES INDIVIDUALES POR LA EFICIENCIA ENERGÉTICA

En el ámbito doméstico es donde las acciones individuales generan la base del cambio de hábitos de consumo, donde las buenas prácticas pueden ayudar a reducir la demanda y optimizar el gasto energético. Los núcleos de población demandan energía y gran parte de ella se destina a los hogares, siendo los hábitos de consumo domésticos muy relevantes para el desarrollo de proyectos *Smart Cities* y la búsqueda de ciudades más sostenibles.

Las acciones individuales tienen la capacidad de cambiar los hábitos de consumo y, por lo tanto, ejercen una influencia significativa en la oferta y la demanda de productos o servicios. Esta norma se cumple en el caso del consumo energético y, además, no solo redunda en el consumo total, sino que también tiene implicaciones en el medio ambiente y el cambio climático. La importancia de los hábitos de consumo energéticos está especialmente presente en las ciudades. Recordemos que las ciudades son responsables del 70% de las emisiones de CO_2 del planeta (véase Las ciudades frente al cambio climático, pág. 86), por lo que la demanda energética de los habitantes de las mismas tiene la capacidad de reducir o aumentar la emisión de gases de efecto invernadero.

INFORMARSE SOBRE EL CONSUMO

El primer paso, como en cualquier otro ámbito, debe ser la búsqueda de información veraz y contrastada. Para aplicar medidas de eficiencia energética en el hogar, primero hay que conocer dónde se encuentran los mayores gastos de consumo energético. Las estimaciones indican que el reparto del consumo energético en una vivienda promedio se centra en la calefacción (54%), el agua caliente sanitaria o ACS (21%), electrodomésticos (13%) y el resto en iluminación, cocina y aire acondicionado. Lo que significa que los meses con mayor consumo y demanda son siempre los meses de invierno, donde el gasto en calefacción está más presente.

La tercera fuente de consumo energético doméstico son los electrodomésticos. Las normativas en materia de información al consumidor han evolucionado significativamente en todo el mundo, por lo que

podemos encontrar en cualquier electrodoméstico en el momento de su compra información sobre sus niveles de consumo. Toda la información queda detallada en la etiqueta energética (arriba), donde se informa al comprador del nivel de consumo y eficiencia del electrodoméstico comparado con el resto de los productos del mercado, e incluso una estimación de su consumo durante el uso.

CONSUMO ENERGÉTICO DOMÉSTICO

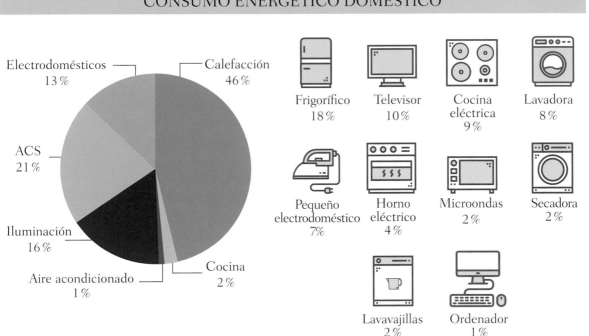

- Electrodomésticos 13%
- Calefacción 46%
- ACS 21%
- Iluminación 16%
- Aire acondicionado 1%
- Cocina 2%

Frigorífico 18%
Televisor 10%
Cocina eléctrica 9%
Lavadora 8%

Pequeño electrodoméstico 7%
Horno eléctrico 4%
Microondas 2%
Secadora 2%

Lavavajillas 2%
Ordenador 1%

MEJORAR EL AISLAMIENTO TÉRMICO

La calefacción es la principal fuente de gasto y consumo energético en las viviendas, por lo que una de las mejores medidas para reducir que se dispare el consumo es evitar que las bajas temperaturas exteriores penetren al interior de la vivienda. Las mejoras en los cristales y cerramientos son una buena opción para reducir el gasto y mantener la temperatura cálida en el interior de las viviendas, así como el mantener los espacios separados y aislados mediante el cierre de las puertas de las habitaciones.

DISPOSITIVOS DE BAJO CONSUMO

El uso de electrodomésticos y aparatos electrónicos de elevado nivel de certificación de eficiencia energética permite reducir el consumo total doméstico en un porcentaje significativo. Esta medida, sin embargo, implica una importante inversión económica, por lo que no en todos los casos será posible su aplicación. Se debe no obstante priorizar la inversión en los dispositivos cuyo consumo es más elevado, como por ejemplo la nevera o el refrigerador, el cual permanecerá encendido durante las 24 horas del día.

En el caso de la iluminación, las bombillas led o de bajo consumo generan un ahorro energético considerable por su elevado nivel de eficiencia. No obs-

Gasto energético de los electrodomésticos más habituales en el hogar.

tante, la mejor medida de ahorro es evitar las luces innecesarias. Una colocación óptima de los puntos de luz en función de la iluminación necesaria para realizar las tareas que se requieran y priorizar el uso de luz natural son las mejores medidas de ahorro y eficiencia.

EVITAR EL CONSUMO RESIDUAL

Muchos dispositivos electrónicos y electrodomésticos cuentan con una función de «suspensión» en la cual entran en un modo de bajo consumo, pero no se encuentran apagados del todo. En el caso de que no vayan a utilizarse en un periodo de tiempo corto, apagar por completo estos dispositivos permite evitar el consumo residual que supone mantenerlos en esta función, ya que están consumiendo y demandando energía a pesar de no estar siendo utilizados. De igual manera, mantener los dispositivos de recarga eléctrica conectados más tiempo del necesario para su carga (como los cargadores de los teléfonos móviles), genera un consumo innecesario para el correcto funcionamiento y uso de los mismos.

ARQUITECTURA CLIMÁTICA

Una de las pruebas más evidentes de la presencia humana en el planeta son las construcciones e infraestructuras repartidas por todo el mundo. Las ciudades han crecido exponencialmente en tamaño y población, además de haberse convertido en una fuente de emisiones de efecto invernadero y contaminación, demandando enormes cantidades de recursos y energía. El diseño y la construcción de los edificios juega un papel clave en el uso y consumo de recursos, además de definir el ecosistema urbano.

La construcción de edificios e infraestructuras requiere de una planificación ambiental cuidadosa. Hay que considerar las necesidades de materiales y energía del proceso de construcción, su transporte, las emisiones de contaminantes, ruidos, etc. Además, en el caso de las viviendas, al estar diseñando un espacio para la vida de las personas, se consideran aspectos de bienestar ambiental y social y de demanda constante de recursos, como agua y energía, además de comunicar los espacios residenciales con los núcleos poblacionales para el acceso a recursos y servicios.

Para minimizar el impacto ambiental de la construcción de edificios y el asociado a la demanda energética y las emisiones a las que va unido (ya sean viviendas, espacios de trabajo, centros de producción, etc.), se están desarrollando nuevas tendencias en el diseño y la construcción.

ARQUITECTURA BIOCLIMÁTICA
Esta corriente arquitectónica busca aprovechar al máximo las características climáticas de la zona donde se va a realizar la edificación, siguiendo una serie de principios básicos fundamentales:

REDUCCIÓN DE CONSUMO

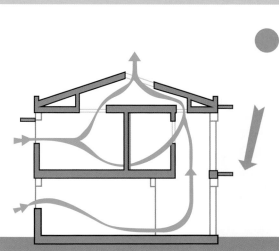

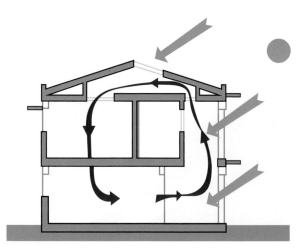

Verano
Refrigeración pasiva 100 %
Ventilación por termosifón natural
Sobreo mediante aleros y persianas interiores

Invierno
Sur: ganancias directas
Norte: acumulación de calor en invernadero
    Intercambio energético por el plénum baja cubierta

- Buscar una orientación sur para maximizar las horas de luz natural en el interior de la vivienda.

- Buscar la colocación de ventanas e instalaciones para favorecer la corriente natural de aire como elemento de ventilación.

- Uso de materiales tradicionales adaptados a la zona y a los elementos climáticos propios de la misma (techos de pizarra en zonas con grandes nevadas, muros gruesos para el aislamiento térmico en zonas de mucho calor, etc.).

- Uso del suelo como recurso, a través del aprovechamiento de la energía geotérmica si fuera posible, o el semienterramiento de edificaciones como medida de aislamiento térmico y acústico.

ARQUITECTURA SOSTENIBLE

Se centra en la selección de materiales y métodos de construcción respetuosos con el medio ambiente, junto con la integración de elementos naturales en los espacios construidos y la apuesta por energías renovables y elementos de ecodiseño para que el uso y consumo energético de los edificios sea el menor posible.

Las características o principios más comunes que resumen la arquitectura sostenible son los siguientes:

- **Búsqueda siempre de la máxima eficiencia energética:** reduciendo el consumo y la demanda necesarios.

- **Eliminación de puentes térmicos:** esto es asegurar que la temperatura interior es constante en todo el edificio, evitando grandes diferenciales que provoquen una pérdida de temperatura y, por tanto, una pérdida energética que iría en contra del principio de eficiencia.

- **Confort lumínico:** tratando de garantizar la mayor cantidad de horas posibles de luz natural en el interior de la edificación, buscando un uso adecuado de las ventanas y su orientación.

- **Aislamiento acústico:** combinado con las medidas de eficiencia y aislamiento térmico se pretende evitar la irrupción de ruidos externos en el interior.

- **Incorporación de elementos naturales:** no se trata de diseñar zonas verdes, sino de la constante y permanente incorporación de elementos naturales desde la fase de diseño.

- **Uso de materiales sostenibles:** apostando por materiales de bajo impacto ambiental o bien otros procedentes de la revalorización de residuos, ya sea del sector de la construcción o de otros sectores totalmente distintos, como el uso de restos de poda o la fibra de celulosa de papel reciclado como aislantes térmicos o acústicos.

- **Construcción en seco:** construir el mayor número posible de elementos en fábrica, de modo que el tratamiento de los residuos esté optimizado y que en la zona de construcción solo se proceda a su instalación.

- **Energías renovables:** integración de fuentes de energía renovable, como la energía solar, en el diseño de fachadas, techos y espacios diseñados a tal efecto en las edificaciones.

- **Domótica:** la apuesta por viviendas inteligentes permite una constante monitorización, seguimiento, control y ajuste de los parámetros lumínicos, de riego, de seguridad, etc, y térmicos para garantizar un consumo óptimo elevando los niveles de eficiencia energética.

PASSIVE HOUSE

Este término o concepto aglutina las otras corrientes mencionadas anteriormente, de manera que se busca que el diseño, orientación y planificación del edificio en cuestión sea además el más coherente con las condiciones climáticas de la zona en cuestión, a la vez que se emplean los materiales más sostenibles disponibles y se apuesta por la mayor eficiencia energética posible.

Esta corriente integradora ha dado lugar al Estándar *Passivehouse*, que ya no es solo una vivienda que sigue los principios o metas de esta corriente, sino que, además, debe cumplir unos parámetros concretos, medibles y auditables, para ser reconocida como que cumple con el estándar fijado y establecido, quedando reconocida por esta certificación.

NUEVOS MODELOS ECONÓMICOS

La economía es uno de los principales motores del desarrollo de los países y comunidades, pero un modelo económico basado simplemente en la búsqueda del beneficio financiero pone en peligro la perdurabilidad de los recursos naturales y la identidad y cultura de las regiones. Por eso, han aparecido nuevas propuestas que buscan un equilibrio entre los beneficios financieros, medioambientales y sociales.

Turbinas eólicas e instalaciones de tratamiento de agua y bioenergía y paneles solares en los Países Bajos, como parte de la industria sostenible en un concepto de economía circular.

El funcionamiento básico de la economía mundial actual se basa en la ley de la oferta y la demanda, donde se generan productos y servicios que den respuesta a las necesidades del mercado. Mientras el proceso productivo tenga unos costes asociados inferiores al beneficio que supone la venta de dicho producto o servicio, el negocio es rentable y viable. Existen regulaciones a nivel nacional e internacional que establecen limitaciones a este modelo, centrándose en aspectos como que no se ponga en peligro la salud de las personas o que no se incumplan normativas mercantiles internacionales, y acuerdos como los derechos humanos. Pero también existen modelos que buscan dar un paso más allá.

ECONOMÍA VERDE
Tiene como meta la búsqueda de la mejora del bienestar humano y la igualdad social, cuidando el medio ambiente mediante la reducción de los riesgos para el mismo y la disminución de la presión sobre los recursos naturales (especialmente aquellos no renovables), respetando los ciclos de regeneración natural y recuperación de los ecosistemas, armonizando el desarrollo económico con la protección de la naturaleza y el uso eficiente de los recursos. Algunas de las prácticas que impulsa la economía verde son las siguientes:

• **Reutilización de los recursos:** tratando de dar más de una vida útil a las materias primas.

• **Impulsar las compras conscientes:** buscando un modelo de consumo coherente y respetuoso con el planeta, en contra de la cultura de «usar y tirar».

• **Innovación científico-técnica:** desarrollo de nuevas tecnologías o procesos que permitan minimizar el impacto ambiental y el uso de recursos naturales.

• **Producción baja en carbono:** buscar modelos productivos que eviten las emisiones de CO_2 y, aquellas que no puedan ser evitadas, que sean compensadas.

POTENCIAL DE LA ECONOMÍA VERDE

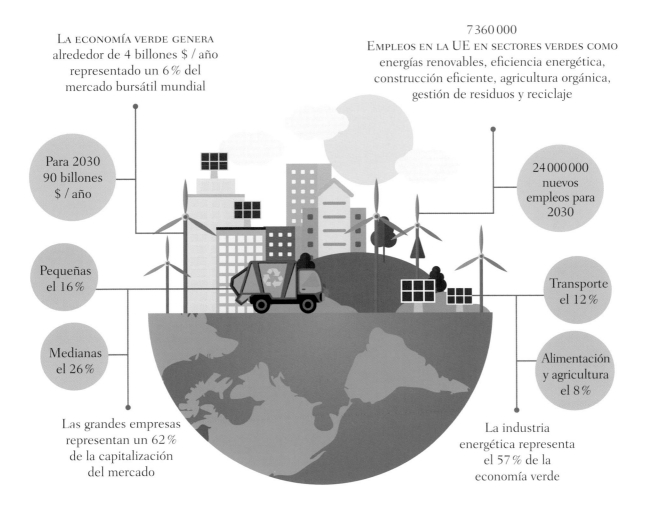

La economía verde genera alrededor de 4 billones $ / año representado un 6 % del mercado bursátil mundial

7 360 000 Empleos en la UE en sectores verdes como energías renovables, eficiencia energética, construcción eficiente, agricultura orgánica, gestión de residuos y reciclaje

Para 2030 90 billones $ / año

24 000 000 nuevos empleos para 2030

Pequeñas el 16 %

Transporte el 12 %

Medianas el 26 %

Alimentación y agricultura el 8 %

Las grandes empresas representan un 62 % de la capitalización del mercado

La industria energética representa el 57 % de la economía verde

- **Impulso de las energías renovables:** cualquiera de las disponibles o nuevas líneas de investigación.

- **Protección de los ecosistemas:** definir modelos de extracción de recursos respetuosos con el medio ambiente, que no ponga en peligro la biodiversidad de los ecosistemas, tanto terrestres, como marinos.

ECONOMÍA CIRCULAR

Este modelo se basa en diseñar procesos productivos que desde la fase inicial de diseño (o ecodiseño) generen un producto que no solo requiera de la menor cantidad de materias primas posibles, sino que, además, apenas genere residuos y, en caso de generarlos, que puedan ser reciclables. Se trata de asegurar que cualquier subproducto o residuo que se genere a lo largo del proceso pueda ser empleado como materia prima para la fabricación de otro producto o servicio, del mismo ámbito o de otro totalmente distinto.

Está muy relacionado con los modelos de economía verde en cuanto a su finalidad, pero también con conceptos como la economía colaborativa, ya que la alianza entre distintos proyectos permite asegurar que la vida útil de las materias primas una vez que entran en el ciclo se alargue lo máximo posible, limitándose la necesidad de su extracción para la generación de productos o servicios. Para la transformación de residuos y subproductos en materias primas resulta fundamental la inversión en investiga-

CICLO DE LA ECONOMÍA CIRCULAR

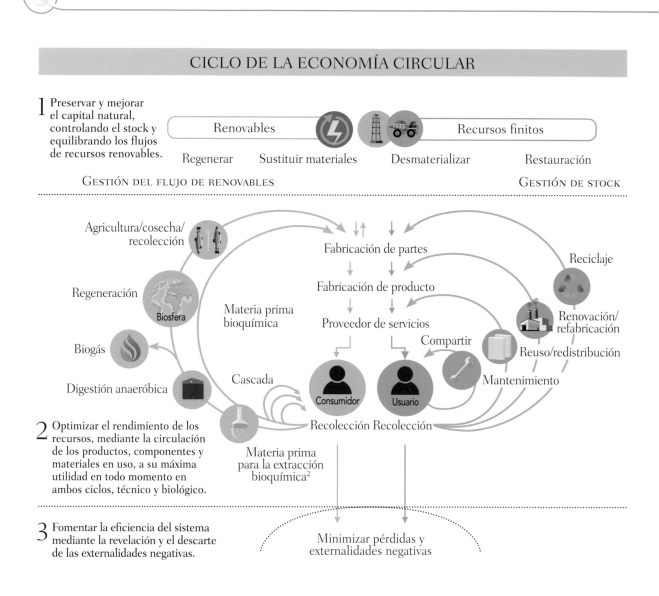

1 Preservar y mejorar el capital natural, controlando el stock y equilibrando los flujos de recursos renovables.

Renovables

Recursos finitos

Regenerar   Sustituir materiales   Desmaterializar   Restauración

GESTIÓN DEL FLUJO DE RENOVABLES   GESTIÓN DE STOCK

Agricultura/cosecha/recolección

Regeneración

Biosfera

Biogás

Digestión anaeróbica

Materia prima bioquímica

Cascada

Materia prima para la extracción bioquímica[2]

Fabricación de partes

Fabricación de producto

Proveedor de servicios

Compartir

Consumidor   Usuario

Recolección   Recolección

Reciclaje

Renovación/refabricación

Reuso/redistribución

Mantenimiento

2 Optimizar el rendimiento de los recursos, mediante la circulación de los productos, componentes y materiales en uso, a su máxima utilidad en todo momento en ambos ciclos, técnico y biológico.

3 Fomentar la eficiencia del sistema mediante la revelación y el descarte de las externalidades negativas.

Minimizar pérdidas y externalidades negativas

ción y desarrollo, generando nuevos procesos y tecnologías que permitan establecer conexiones entre sectores económicos diferentes, ya sean agrícolas, industriales o de servicios.

ECONOMÍA DEL AGUA

Todo proceso productivo lleva asociado un coste equivalente en litros de agua (*véase* Las huellas que dejan nuestros pasos, pág. 108), lo que significa que se puede conocer la cantidad de agua necesaria para producir cualquier objeto, desde un kilogramo de fruta hasta un automóvil. En este sentido y sabiendo que el agua es un bien cada vez más escaso, la economía del agua se basa en definir modelos productivos coherentes con la cantidad de agua disponible en un país o región concreta.

De este modo, se evitan situaciones en las que, por priorizar una actividad económica por su rentabilidad frente a otra que supone una menor presión sobre los acuíferos, se genera una situación de déficit de la disponibilidad de agua, poniendo en peligro la viabilidad de este recurso a medio y largo plazo.

Este esquema también puede emplearse para definir estrategias más amplias, de modo que ya existen países en los que el agua resulta especialmente importante, como Israel, donde se incluyen conceptos para garantizar que el balance del coste de agua en cuanto a importaciones y exportaciones sea ventajoso. Importando productos que requieren un mayor consumo de recursos hídricos y exportando las que demandan menos agua.

TURISMO SOSTENIBLE: «VIAJE A LA SOSTENIBILIDAD»

Sin duda el turismo es uno de los motores de desarrollo de mayor relevancia a nivel mundial. Es quizás la industria que presenta los índices de crecimiento más llamativos, tanto por el número de turistas como por su contribución a la economía de muchos países. Pero este crecimiento debe realizarse teniendo en cuenta los criterios de sostenibilidad o, por el contrario, conseguiremos hacer de nuestro planeta un destino cada vez más insostenible.

Ya conocemos que el desarrollo sostenible implica el impulso del bienestar social y económico que sea responsable con el medio ambiente (*véase* La Agenda 2030: no dejar a nadie atrás, pág. 90). La actividad turística afecta a estas tres áreas de manera innegable:

• **Social.** El turismo atañe de múltiples maneras a la población receptora: puede provocar desplazamiento de las culturas locales, crecimiento de problemas sanitarios, violencia, etc.

• **Ambiental.** El impacto ambiental de los viajes es altamente conocido, como por ejemplo la huella de carbono generada por el transporte, la destrucción de áreas naturales para la construcción de hoteles y la generación de residuos. Además, las consecuencias del cambio climático como eventos extremos o la subida del nivel del mar están poniendo al límite a algunas zonas turísticas del planeta.

• **Económico.** El turismo es uno de los motores más potentes de la economía, generando una gran cantidad de puestos de trabajo (actualmente, una de cada 11 personas trabaja en el sector turístico). Además, la demanda de viajes continúa ascendiendo, llegando a representar más del 10 % del PIB mundial. También puede provocar la inflación de la economía local en productos y servicios básicos.

Al ver el impacto que el turismo tiene sobre el planeta y las personas, desde la Organización Mundial del Turismo se decidió abordar el término «turismo sostenible», que es aquel que contribuye activamente a la conservación del patrimonio natural y cultural, incluyendo a las comunidades locales como parte activa del turismo y que ayuda a la persona viajera a interpretar y conservar el patrimonio.

En abril de 1995, se celebró en Lanzarote (España) la Conferencia Mundial de Turismo Sostenible donde

se proclama la «Carta del Turismo Sostenible», que se renovó 20 años más tarde. Esta carta reconoce la necesidad de desarrollar un turismo capaz de satisfacer las expectativas económicas, las exigencias ambientales y la estructura socioeconómica del destino teniendo en cuenta las comunidades locales receptoras. Desde entonces se han hecho múltiples esfuerzos por fomentar este turismo, como la declaración de 2017 como Año Internacional del Turismo Sostenible para el Desarrollo por las Naciones Unidas, que aspiraba a sensibilizar de la contribución del turismo sostenible al desarrollo, movilizando tanto a empresas como a gobiernos y población general para aunar esfuerzos y promover cambios en el turismo.

En este sentido, el turismo sostenible tiene una serie de ventajas o beneficios en las tres áreas del desarrollo sostenible: el impacto ambiental del turismo sostenible trata de ser mínimo ya que se da un uso óptimo a los recursos, manteniendo los procesos ecológicos esenciales y ayudando a conservar los recursos naturales y la diversidad biológica. De esta manera, se logra un desarrollo equilibrado con el medio, gestionando sus recursos de la manera más eficiente.

Además, el turismo sostenible contribuye al entendimiento y la tolerancia, al respetar la autenticidad de las comunidades locales, conservando sus activos culturales y arquitectónicos y sus valores tradicionales y empoderando a las comunidades locales al implicarlas en el proceso. Incluso puede suponer una mejora de las infraestructuras locales como vías de comunicación, agua potable, alcantarillado, telecomunicaciones y obras de interés comunitario como centros médicos o culturales.

Por último, el turismo sostenible reactiva la economía local y sus habitantes salen beneficiados de una mayor oferta de actividades y visitantes más responsables y respetuosos con la cultura y el entorno. Genera empleo local directo, como las empresas turísticas, o indirecto, como el sector agrícola o ganadero.

El turismo sostenible no consiste solo en ir a un espacio natural. Si bien es cierto que ir a un camping no genera el mismo impacto que el alojamiento en una macroinstalación hotelera, como hemos visto, el turismo sostenible implica muchos otros factores a tener en cuenta y tiene unas consecuencias generales. Este turismo no es una opción sino una necesidad.

Pero no todo depende del lugar al que vayamos, el tipo de certificado que tenga o cómo el hotel haga su gestión. La responsabilidad también recae sobre la persona que viaja. Ser una persona que viaja de manera responsable implica:

¿CÓMO SE REFLEJA EL TURISMO EN LOS ODS?

El turismo figura específicamente en tres de los 17 Objetivos de Desarrollo Sostenible:

Objetivo 8: al ser uno de los principales sectores económicos mundiales.

Objetivo 12: consumo y producción sostenibles.

Objetivo 14: el turismo costero y marítimo, el mayor del sector, depende de unos ecosistemas marinos saludables.

Además puede afectar al resto de múltiples maneras. Por ejemplo:

Objetivo 1. Fin de la pobreza: con el aporte de ingresos a través de la creación de empleo a nivel local.

Objetivo 3. Salud y bienestar: reinvirtiendo los beneficios en atención y servicios sanitarios.

Objetivo 7. Energía asequible y no contaminante: como sector que hace un uso intensivo de la energía, el turismo puede acelerar un cambio hacia las energías renovables.

Objetivo 9. Industria, innovación e infraestructura: son necesarias buenas infraestructuras públicas y privadas para desarrollar el turismo de una región.

- **Valorar y aprender de cada la localidad anfitriona:** el vaijero debe investigar el destino, sus costumbres, normas y tradiciones, ser tolerante y respetar la diversidad sin fomentar actividades discriminatorias.

- **Proteger el entorno:** conservar el medio disfrutando de los productos y experiencias, pero minimizando el impacto ambiental.

- **Apoyar la economía local:** consumir servicios y productos cuyos beneficios sean repartidos favoreciendo a los grupos más vulnerables sin desestabilizar la economía local ni las condiciones de vida de las comunidades, así como fomentar las condiciones laborales dignas y justas que respeten los derechos de cada persona trabajadora.

- **Planificar el viaje:** adoptar precauciones sanitarias oportunas, comprobar la procedencia de los productos que se consumen y elegir operadores y viajes que cuenten con políticas medioambientales o certificados de turismo sostenible.

¿EXISTE UNA CERTIFICACIÓN SOBRE TURISMO SOSTENIBLE?

Estos son algunos de los certificados internacionales de turismo sostenible, todos aprobados por el Consejo Global de Turismo Sostenible:

- **Biosphere Responsible Tourism.** Es un programa de certificación sostenible para el sector turístico promovido por Naciones Unidas. Certifica a los establecimientos turísticos que cumplen con los requisitos del Instituto de Turismo Responsable. La variedad de destinos que podemos encontrar con esta certificación es enorme: desde rutas turísticas hasta parques temáticos, comercios y restaurantes.

- **Green Key.** Es un programa internacional de certificados para turismo sostenible en los hoteles, apartahoteles y campings impartidos por la Fundación para la Educación Ambiental.

- **Rainforest Alliance.** Es una certificación gestionada directamente por el Consejo Global con unos estándares mundiales para hoteles, servicios de alojamientos y touroperadoras.

HAY QUE DISTINGUIR CONCEPTOS

Turismo rural: actividad turística que se desarrolla en un entorno rural, asociado al campo, la montaña y las poblaciones rurales.

Agroturismo: una forma de turismo rural con un conjunto de actividades relacionadas con la explotación agropecuaria: contacto con la tradición, vida rural, la producción y su gastronomía.

Turismo sostenible: tiene plenamente en cuenta las repercusiones actuales y futuras, económicas, sociales y medioambientales al satisfacer tanto a los visitantes como a la industria.

Ecoturismo: es un viaje responsable a espacios naturales con un bajo o nulo impacto ambiental que implica la conservación del ecosistema y la mejora del bienestar de la población local.

Ecolodge: pequeño hotel o alojamiento ecoturístico situado en un espacio natural cuya construcción es sostenible, tiene un mínimo impacto ambiental y realizan actividades específicas de integración de la comunidad local y de interpretación del entorno.

INVERSIÓN SOCIALMENTE RESPONSABLE

La sostenibilidad ambiental no es solo una meta o un requisito legal, también se ha convertido en un campo donde la innovación, el desarrollo de nuevas tecnologías y los nuevos modelos de negocio han supuesto una revolución. La reacción de los mercados ante este nuevo motor económico ha sido el nacimiento de los fondos de inversión socialmente responsables para impulsar e invertir en proyectos viables económicamente, y con beneficios ambientales y sociales.

Uno de los factores más determinantes para medir el valor de las compañías y empresas privadas en el mercado de valores es la reputación corporativa. Cada vez que una empresa es protagonista de un escándalo su valor se desploma, mientras que cuando su reputación es sólida su valor tiende a mantenerse constante. El medio ambiente es un tema cuya preocupación cada vez está más extendida y, al mismo tiempo, su protección está ligada a modificaciones en la legislación, tanto nacional como internacional. Los escándalos medioambientales son una preocupación grave, especialmente tras casos como el de Volkswagen, donde el falseo de datos de emisiones de sus coches derivó en un desplome de sus acciones y sanciones económicas millonarias.

La respuesta a esta preocupación por la reputación corporativa y la necesidad de evitar escándalos es la creación de los criterios ASG o ESG (siglas en inglés). Pero ¿en qué consisten exactamente? ASG son las siglas de Ambientales, Sociales y Gobierno, por lo tanto, los criterios ASG son aquellos que resumen el desempeño de una organización en estos ámbitos:

- **Ambientales:** emisiones generadas, uso de energías renovables, uso de materias primas, protección de los ecosistemas, etc.

- **Sociales:** apostar por proyectos que involucren a comunidades desfavorecidas, cumplir políticas de igualdad y no discriminación, respeto a todas las culturas, razas y religiones, etc.

- **Gobierno:** cumplimientos de la legislación y normativas establecidas, transparencia en cuanto a la toma de decisiones, evitar alianzas, relaciones o clientes que se dediquen a actividades ilícitas, etc.

Las organizaciones cuyos criterios ASG están bien definidos, demostrados y verificados tienen la capacidad de acceder a financiación a través de los fondos ISR, que son los fondos de Inversión Socialmente Responsable. Estos fondos solo son aplicables a proyectos en los cuales se apuesta por un modelo de triple balance de beneficio, donde no se mide solo en términos económicos, sino también en términos sociales y de buen gobierno, fomentado iniciativas que apuestan por un modelo económico verde o sostenible.

La creación de estos fondos y la definición de los criterios es relativamente reciente, comenzando a obtener relevancia hacia el año 2009. Pero lo más significativo no es el aumento exponencial de los mismos, pasando de poco más de 60 fondos internacionales en 2009 a más de 300 en 2018.

Los distintos tipos de fondos ISR existentes se clasifican con base en los requisitos o requerimientos que exigen a los proyectos que quieren formar parte de ellos:

• **De exclusión:** son los más comunes y establecen una serie de requisitos que se basan en la no pertenencia de las empresas y organizaciones a determinadas actividades, como el alcohol, tabaco, pornografía, situaciones de explotación infantil o energía nuclear.

• ***Screening* basados en normas:** en estos fondos los criterios están fijados por acuerdos u organismos internacionales, de modo que, por ejemplo, para que una empresa pueda formar parte de ellos debe cumplir con los requisitos establecidos por la red Pacto Mundial de la ONU.

• ***Best in class:*** sigue un principio opuesto a los fondos de exclusión, donde es el propio fondo el que selecciona a las empresas que tienen un mejor desempeño en sus criterios ASG.

• **Integración ASG:** similar a la anterior, se basa en analizar cómo gestiona la empresa sus criterios ASG a la hora de desempeñar su actividad.

• ***Engagement* y *voting*:** en estos casos no es suficiente con tener definidos unos criterios ASG sino que también debe establecer un diálogo con otros agentes sociales o grupos de interés sobre la definición, seguimiento y actuación sobre dichos criterios.

• **Fondos temáticos:** están centrados en un área concreta que se engloba en los criterios ASG, como puedan ser economías bajas en carbono, el apoyo al desarrollo y cumplimiento de los ODS, etc.

• **Inversión de impacto:** son fondos que apoyan a proyectos que deben tener un impacto social y ambiental positivo, medible, cuantificable y auditable, a la vez que mantienen su rentabilidad económica. Están relacionados con la economía circular, la movilidad sostenible, el uso de las nuevas tecnologías al servicio de las personas y el medio ambiente, etc.

A modo de resumen, se puede afirmar que la ISR nace para dar un espacio y un nicho de crecimiento a los proyectos empresariales que buscan, no solo generar un negocio rentable económicamente, sino que también supongan un impacto positivo para el planeta y el medio ambiente, apostando por una transición hacia una economía más justa, sostenible e inclusiva.

CRECIMIENTO DE LOS FONDOS ISR

La inversión socialmente responsable ha crecido exponencialmente desde 2006.

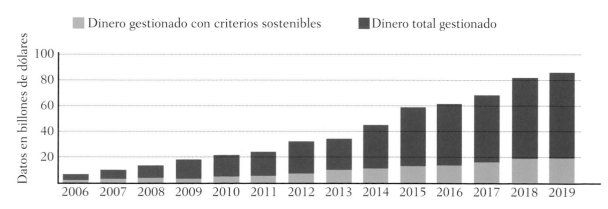

EL IMPACTO DE LA MODA EN EL PLANETA

La industria de la moda no solo mueve enormes cantidades de recursos financieros en todo el mundo, sino que además es uno de los sectores económicos más globalizados del planeta, donde prendas producidas en el sudeste asiático pueden venderse a miles de kilómetros de distancia. El volumen de producción ha aumentado significativamente, lo que ha provocado que aumenten al mismo ritmo las emisiones y el impacto ambiental que genera la moda en el planeta.

Si el objetivo de la industria textil era, en un origen, fabricar prendas de elevada calidad y durabilidad, en la actualidad la tendencia es producir de manera constante nuevas colecciones que sigan la última moda y a bajo coste, generando una cultura de renovación de la ropa constante y permanente.

Determinadas marcas siempre han estrenado varias colecciones al año, inspiradas por los cambios de temporada para impulsar sus ventas. Pero en la actualidad, algunas marcas llegan a presentar una veintena de colecciones distintas al año, lo que alienta a un modelo de consumo poco sostenible, e implica una producción de un volumen hasta cinco veces superior con respecto al modelo anterior.

La producción de ropa se ha duplicado desde el año 2000 a la actualidad y del mismo modo se ha disparado el consumo. Un estudio publicaba que en el año 2014 las personas adquirieron de media un 60% más de ropa y textil que en el año 2000. El mismo estudio además revelaba otro dato preocupante y es que el tiempo de uso de las prendas se redujo en un 50%.

INDUSTRIA DE LA MODA Y EMISIONES DE CO_2

A consecuencia de los modelos de producción y fabricación, además del transporte y distribución, la huella de carbono de la industria textil es muy elevada. Se calcula que es responsable del 10% de las emisiones globales de CO_2 y si se mantiene la tendencia actual, para el año 2050 la cifra global podría llegar al 26% de las emisiones de CO_2 en todo el mundo.

El porcentaje puede parecer exagerado, especialmente si se considera que supone más que todo el comercio marítimo y los vuelos internacionales juntos, pero no es solo el impacto directo de la fabricación lo que produce las emisiones de CO_2, también el hecho de que el 85% de todas las prendas terminan quemadas en un vertedero, favoreciendo la liberación de gases de efecto invernadero a la atmósfera.

EL GASTO DE AGUA Y LA AMENAZA PARA LOS ECOSISTEMAS

Otro efecto adverso de la industria de la moda es que se trata de la segunda consumidora de agua en el mundo. La huella hídrica de las prendas resulta mu-

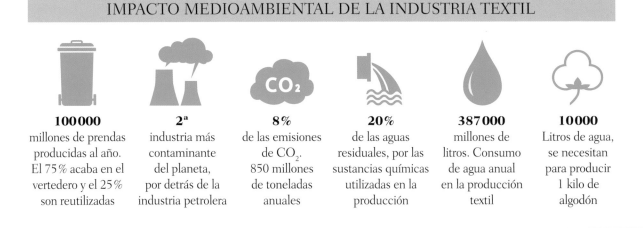

IMPACTO MEDIOAMBIENTAL DE LA INDUSTRIA TEXTIL

100 000 millones de prendas producidas al año. El 75% acaba en el vertedero y el 25% son reutilizadas

2ª industria más contaminante del planeta, por detrás de la industria petrolera

8% de las emisiones de CO_2. 850 millones de toneladas anuales

20% de las aguas residuales, por las sustancias químicas utilizadas en la producción

387 000 millones de litros. Consumo de agua anual en la producción textil

10 000 Litros de agua, se necesitan para producir 1 kilo de algodón

CONSUMO DE AGUA POR PRENDA

10 800 l

Vaquero
En todos los procesos:
fabricación del tejido (8 000 l),
producción y lavados

4 000/ 5 500 l

Traje
Traje de chaqueta de lana
de mujer y hombre

4 400 l

Zapatos
Unos zapatos de piel
alcanzan los 8 000 l

4 400 l

Zapatilla
de deporte

2 700 l

Camiseta de algodón
Una camiseta de 250 g de
peso. En función de la zona
de producción y el gramaje,
entre 1 200 y 4 100 l

2 200 l

Jersey
Fabricado
en lana

1 500 l

Camisa
De caballero en
fibra sintética

cho más alta de lo que puede parecer en un primer momento. Para producir unos *jeans* son necesarios más de 7 000 litros de agua. Esto se debe a que el algodón es un cultivo de regadío muy demandante de agua y que se cultiva de manera intensiva para dar abasto a la elevada demanda que existe. Ejemplo de esta sobredemanda es el mar de Aral, donde la presión y estrés hídrico generado por el cultivo de algodón ha provocado que se seque casi por completo en 50 años, pasando de ser uno de los grandes lagos del planeta a un conjunto residual de varias lagunas.

Además, del consumo directo de agua en los procesos de teñido y lavado de la ropa genera un proceso de contaminación de las aguas superficiales y los océanos. El proceso de tintado de las prendas para darles color es la segunda causa de contaminación de las aguas por efecto de los vertidos y, en el caso de las prendas sintéticas, por efecto del lavado se liberan a los océanos una cantidad de 500 000 toneladas de microfibras de plástico. La suma de estos factores hace que la moda sea responsable del 20 % de la contaminación industrial de agua en el planeta.

ALTERNATIVAS SOSTENIBLES
Ante esta alarmante situación existen ya distintas iniciativas a nivel internacional, como la Alianza de Moda Sostenible impulsada desde la ONU, que buscan fomentar mejores prácticas de producción y consumo en la industria de la moda.

Entre las medidas impulsadas está el modelo de desarrollo de medidas de eficiencia que permitan la reducción del consumo de agua y el tratamiento de los vertidos para evitar su contaminación. También se apuesta por nuevos modelos de producción de algodón orgánico sostenible, que permita un uso y gestión de este recurso que no ponga en peligro los recursos hídricos.

Estas medidas van acompañadas por una campaña de concienciación que pretende conseguir dos objetivos principales. El primero de ellos es un hábito de consumo responsable, evitando la cultura de usar y tirar, alargando la vida útil de las prendas en lugar de sustituirlas de manera constante. El segundo es asegurar que las prendas ya usadas tengan una segunda vida, bien a través del mercado de prendas de segunda mano, bien a través de procesos de reciclado y reutilización que permita usar las fibras como materia prima para el sector textil u otros compatibles. De este modo se pretende reducir el porcentaje de ropa que acaba en los vertederos y su posterior quema, evitando la emisión de gases de efecto invernadero.

EL ETIQUETADO ECOLÓGICO

Actualmente es común ver muchos distintivos en productos o servicios, así como nombres que nos pueden llevar a pensar en que son respetuosos con el medio ambiente, como «eco», «verde» o «bio». Pero ¿realmente sabemos lo que significa o es una estrategia de marketing? Las etiquetas ecológicas nos permiten diferenciar los productos o servicios que cumplen criterios de sostenibilidad ambiental de aquellos que puramente quieren hacer *greenwashing*.

Hoy en día la conciencia ambiental ha llevado no solo a examinar qué se está consumiendo, sino cómo se ha realizado o fabricado el producto. Sin embargo, hay empresas que se aprovechan de esta nueva tendencia para su propio beneficio económico sin pensar en el desarrollo sostenible.

El *Greenwashing* o «lavado verde» es una estrategia comercial que utilizan algunas empresas para situar sus productos en lo alto de su sector de una forma rápida, aprovechando la desinformación que existen por parte del consumidor. Es un mal uso, engañoso, del marketing verde. El término fue acuñado en 1986 por el ambientalista neoyorquino Jay Westervel cuando observó que diferentes hoteles hacían una campaña «responsable con el medio ambiente» sobre el ahorro de toallas. En realidad, su único interés era aumentar beneficios, ya que estas empresas no contaban con política de ahorro de energía y agua.

Cambiar la presentación del producto, hacer campañas publicitarias, recursos comerciales o diseños de productos son medidas comunes a día de hoy, todo para hacer que tengan una apariencia consecuente con el medio ambiente, aunque solo se queda en lo superficial. Se trata de un verdadero engaño para el consumidor, que también se deja llevar por un nombre o un primer vistazo del producto.

La única manera de evitarlo, además de haciendo que las empresas y productos engañosos paguen por realizar *greenwashing*, es conociendo qué etiquetas nos acreditan que un producto cumple criterios de sostenibilidad.

La Organización Internacional de Normalización (ISO por sus siglas en inglés) es una organización que establece normativas estándar internacionales voluntarias que aseguran una calidad común para que los productos y servicios sean fiables, seguros y de calidad. Dentro de las mismas, las normas ISO 14021, 14024 y 14025 constituye tres tipos de etiquetado ecológico:

- **Ecoetiquetas (tipo I):** una empresa certificadora externa asegura que ese producto o servicio cumple los estándares ambientales en todo su ciclo de vida, desde su diseño hasta su disposición final.

Ecoetiqueta tipo I

Ecoetiqueta tipo II

Ecoetiqueta tipo III

Por ejemplo: EuEcolabel es la Etiqueta Ecológica Europea creada por la Unión Europea en 1992 que asegura que su producto tiene un bajo impacto ambiental con respecto a otros de su misma categoría.

En cuanto a etiquetados de papel y productos madereros podemos encontrar el sello FSC *(Forest Stewardship Council)*, que garantiza que todos los productos forestales como madera, papel, corcho o incluso fibras textiles se gestionan de manera respetuosa con el medio y con la sociedad, así como son económicamente viables; y también la certificación PEFC, que garantiza que el origen de ese producto forestal son bosques sostenibles que permiten la conservación de la biodiversidad.

- **Autodeclaraciones ambientales (tipo II):** la propia empresa fabricante indica su producto de manera independiente y lo certifica en una de sus etapas de vida: fabricación, comercialización, uso o vida final.

Por ejemplo: la banda de Moebius es el símbolo del reciclaje e indica si ese producto al final de su vida útil puede ser reciclado. Si contiene un porcentaje en su interior, indica que ese producto se ha fabricado con ese porcentaje de material reciclado.

- **Declaraciones ambientales (tipo III):** una empresa certificadora externa analiza el ciclo de vida del producto y realiza un inventario de los impactos ambientales que causa.

Por ejemplo: hay códigos de identificación dentro de triángulo de Moebius que permiten conocer de qué material está compuesto ese producto.

No nos dejemos engañar por los nombres «eco», «bio» u «orgánico». Por ejemplo, en la Unión Europea esos nombres para productos agrícolas y ganaderos destinados a la alimentación se utilizan como sinónimos y su uso está regulado. El uso de un producto u otro depende del lugar, ya que en ciertos países es más común un término u otro. Antes de dejarnos llevar por el producto o el empaquetado, debemos observar bien sus características y ver si son realmente coherentes con lo que describen.

MAPA MUNDIAL DE ETIQUETAS ECO

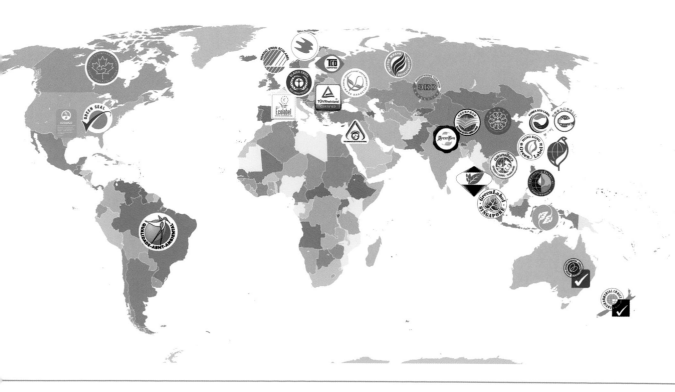

IMPACTO SOCIAL

El cambio climático tiene repercusiones directas sobre las sociedades humanas, tales como la gestión de un recurso primordial como el agua, los conflictos que generan las migraciones o desplazamientos de personas de un lugar, por ejemplo, devastado por un terremoto, el problema de la subida del nivel del mar y asuntos que afectan a la salud, como pueden ser determinadas enfermedades asociadas al cambio de temperaturas, incendios, alergias, etc. Toda esta problemática debe enfrentarse personalmente, haciendo de cada lector un activista que puede incluirse en el ideario de un movimiento social imparable por un mundo más justo.

ESCASEZ DE AGUA Y CONFLICTOS SOCIALES

Según las Naciones Unidas, se estima que de los 1 400 millones de km³ de agua que existen en la Tierra, solo alrededor de 200 000 km³ representan agua dulce que pueda ser destinada al consumo humano. Aunque dicha cantidad es realmente muy baja, se considera que es suficiente como para cubrir las necesidades de las sociedades. Sin embargo, diversos aspectos lo convierten en un recurso escaso y susceptible de ser el origen de diferentes conflictos sociales. Dichos escenarios se verán agravados por el efecto del cambio climático.

A pesar de que exista suficiente agua dulce para satisfacer las demandas de la población mundial, la distribución geográfica desigual de los recursos hídricos implica la escasez de agua en algunas regiones del mundo. A este factor debemos sumar los diferentes impactos ambientales, además de los cambios en la demanda del agua derivados del crecimiento demográfico y del desarrollo económico (véase Los recursos hídricos frente al cambio climático, pág. 34). Dentro del marco del cambio climático, se espera que dichas situaciones se vean agravadas y, por tanto, sean el germen de conflictos.

Debido a la mala gestión y a la contaminación, junto con otros factores, la cantidad y calidad de las aguas dulces superficiales se ha visto afectada en gran parte del mundo. Esto ha supuesto un mayor interés por las aguas subterráneas, las cuales se han convertido en una de las principales fuentes de recursos hídricos. Para acceder a ellas se deben explotar manantiales y pozos. Sin embargo, el aumento de la demanda ha conllevado que los acuíferos se estén agotando, con el consiguiente incremento de la competencia por el recurso. Por otra parte, el impacto del calentamiento global sobre los glaciares, otra de las fuentes más importantes de agua dulce, también está suponiendo un problema para las sociedades que dependen de ellos (véase El retroceso de los glaciares de montaña, pág, 64).

Históricamente, el agua subterránea no ha sido un recurso muy utilizado, ya que su extracción supone cierta dificultad técnica. A pesar de ello, desde la década de 1960 se ha producido un incremento de su uso gracias al desarrollo tecnológico. De esta forma, se ha favorecido la expansión de la agricultura y la ganadería, lo cual revirtió en un incremento de la producción de alimentos y, por tanto, del crecimiento poblacional. Sin embargo, las aguas fósiles no son un recurso ilimitado y pueden desaparecer si la tasa de renovación, generalmente lenta debido a los procesos geofísicos que implica, es superada por la extracción.

Cuando se llega al punto de escasez o agotamiento total de los recursos hídricos, se corre el riesgo de sufrir un conflicto social al existir una competencia entre el consumo humano directo y otros usos como el agrícola, el ganadero o el industrial. Debido a la complejidad de las sociedades humanas, la resolución de dichas situaciones serán difíciles y deberán realizarse teniendo en cuenta los múltiples actores.

LA DESAPARICIÓN DEL LAGO POOPÓ

En el año 2015, se anunció la desaparición del lago salado Poopó, localizado en Bolivia, el cual cubría una superficie de alrededor de 3000 km². Dicho evento supuso la pérdida del segundo lago más extenso del país, después del Titicaca, y tuvo múltiples impactos a nivel ecológico, económico y social. Por una parte, se produjo la extinción local de las especies acuáticas, además de la pérdida de un punto clave para la migración de multitud de aves, que se servían del lugar como zona de paso durante sus viajes. También se vieron afectadas las familias de la etnia de los uru-muratos, cuya gente lleva milenios pescando, cazando y comerciando en la región. Por tanto, la escasez total del agua tiene como consecuencia la pérdida de una cultura única, además del desplazamiento de las personas que se ven obligadas a buscar otro medio de vida.

Las razones del suceso que afectó al lago Poopó son complejas e implican distintos niveles a tener en cuenta. Por un lado debemos decir que, según los estudios científicos, la situación geográfica del lago, su poca profundidad y el impacto de El Niño han llevado a predecir una tendencia natural a la conversión del lago en un salar en el plazo de 1000 o 2000 años. Este es el motivo por el cual se registró el mismo fenómeno en dos ocasiones más: entre los periodos que van desde los años 1939-1944 y 1994-1997. Otra gran reducción, pero sin llegar a producirse una desaparición total, tuvo lugar entre 1969 y 1973. Como consecuencia, nos encontramos con un ecosistema realmente frágil y vulnerable a los impactos medioambientales.

Sin embargo, existe consenso a la hora de advertir que la explotación de los recursos hídricos de la región tendrá como consecuencia la aceleración de la desaparición definitiva del lago Poopó. Concretamente, el nivel del agua depende del caudal del río Desaguadero. Pero la gestión de dicho cauce, en favor del lago Titicaca, tuvo un impacto negativo en el Poopó. A este escenario debemos añadir el uso del agua realizado por la agricultura y las explotaciones mineras, el cual reduce aún más el caudal del río. Además, el desarrollo industrial está aportando sedimentos y contaminación que tienen como consecuencia la colmatación del lago y la muerte de peces, respectivamente.

A este marco de mala gestión de los recursos hídricos, se suman también los efectos del cambio climático a través del aumento de las temperaturas y la amplificación del fenómeno de El Niño. Todo ello se traduce en una mayor frecuencia de las sequías. En resumen, si no se atajan los diferentes impactos, aunque las lluvias vuelvan a recuperar parte del nivel de agua del lago Poopó, podemos esperar su total desaparición y agravación de los conflictos sociales en la región.

MIGRACIONES FORZOSAS POR EL CAMBIO CLIMÁTICO

Las consecuencias del cambio climático pueden devastar una zona en un corto periodo de tiempo, dejando sin hogar a miles de personas alrededor del mundo. Muchas poblaciones se han desplazado por el deterioro de los territorios donde vivían, sin opción de volver. Las personas se están desplazando a consecuencia de las sequías, inundaciones o huracanes y terremotos. A estas personas que deben migrar de manera forzosa a consecuencia del cambio climático se les denomina «refugiadas climáticas», aunque, como veremos, este término presenta controversias.

El cambio climático acarrea consecuencias que afectan a la economía y al entorno social. Cambios en los hábitats o una pérdida directa de la habitabilidad de los espacios provoca desplazamientos de miles de personas a nivel mundial, viéndose obligadas a migrar o ser evacuadas de su lugar de origen. Esta situación ha derivado en el término «refugiado ambiental o climático» para referirnos a quienes migran por un cambio ambiental en su hábitat a consecuencia del cambio climático.

Sin embargo, no es posible todavía identificar este tipo de migración forzosa, por lo que no se han establecido parámetros concretos para distinguirlos de los emigrantes económicos o refugiados políticos. Esta dificultad para definir el término radica en la falta de evidencia empírica que apoye la relación entre una migración y las consecuencias del cambio climático. Desde finales de los 80 se realizan estudios y estimaciones para calcular la influencia del cambio climático en las migraciones, aunque no tienen en cuenta las estrategias de adaptación ni los niveles de vulnerabilidad. En general, la migración forzosa de personas está ligada directamente a situaciones socio-económicas y políticas, por lo que es difícil aislar un factor ambiental como variable independiente a la hora de establecer el motivo.

La Organización Internacional para las Migraciones propone que se considere migrante ambiental a las personas que se vean obligadas a desplazarse, tanto dentro de su país como hacia el extranjero, por razones imperiosas de cambios repentinos o progresivos en el medio ambiente que afectan negativamente a sus condiciones de vida. La OIM propone tres tipos de refugiados climáticos:

- **Inmigrantes por emergencia ambiental:** personas que huyen temporalmente por un desastre ambiental, como un huracán o terremoto.

- **Inmigrantes forzosos ambientales:** personas que deben abandonar su hogar por deterioro de las condiciones ambientales, como la pérdida de una casa por la subida del nivel del mar o el aumento de la deforestación.

- **Inmigrantes motivados por el ambiente:** personas que dejan sus hogares como manera preventiva ante posibles problemas futuros, como la pérdida de producción agrícola a causa de la desertificación.

A pesar de los problemas encontrados para establecer una definición clara de este término, durante la primera década del siglo XXI la cifra de personas desplazadas por desastres y cambio climático ha aumentado drásticamente, coincidiendo los diferentes estudios independientes en que hay hasta 50 millones de refugiados ambientales desde la década de los 90 hasta 2010. El IPCC estima que existirán 150 millones de refugiados en 2050, esto es el 1,5 % de la población estimada, debido a los efectos de las inundaciones, erosiones y pérdidas agrícolas.

En cualquier caso, el cambio climático tiene un gran impacto en la vida de las personas, las ciudades y las comunidades del planeta. Si un país pierde todo su territorio por sequía y así toda su capacidad productiva, a su población no le quedará más remedio que trasladarse porque su espacio es inhabitable, por lo que hay riesgo de que estas personas sean apátridas y ya no tengan lugar donde residir.

MIGRACIONES AMBIENTALES

Escala mundial, principales áreas afectadas

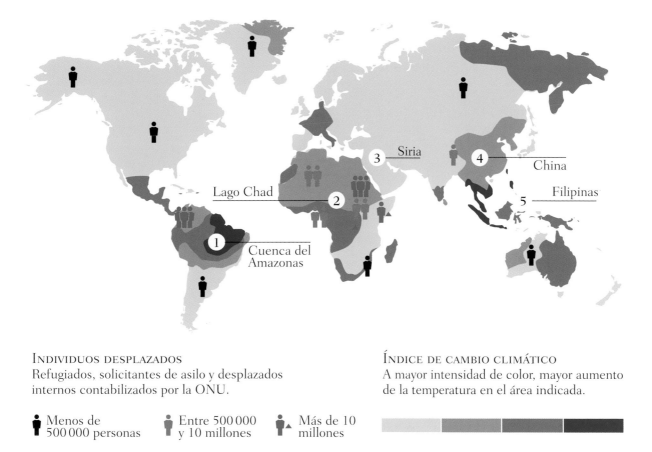

Individuos desplazados
Refugiados, solicitantes de asilo y desplazados internos contabilizados por la ONU.

Menos de 500 000 personas

Entre 500 000 y 10 millones

Más de 10 millones

Índice de cambio climático
A mayor intensidad de color, mayor aumento de la temperatura en el área indicada.

1 / 5   Áreas especialmente castigadas por el cambio climático y en las que los desplazamientos se cuentan por millones.

1. **Cuenca del Amazonas:** la zona tiene un problema de escasez hídrica agravado por el deshielo de los glaciares, que baja las reservas de agua en toda la extensión.

2. **El lago Chad:** el cambio climático es el mayor responsable de que el que fue uno de los lagos más grandes de la Tierra haya reducido su extensión en un 90 %.

3. **Siria:** en 2007 sufrió una sequía tan fuerte y prolongada que terminó por matar casi toda la ganadería y con la pérdida de las cosechas.

4. **China:** es el país con más desplazamientos asociados a desastres naturales en el año 2016, con una cifra de 7 434 000 de refugiados climáticos. En concreto, el desierto ha avanzado mucho en China, con un aumento de unos 50 000 km² desde 1975.

5. **Filipinas:** en 2013, el tifón Haiyan asoló el archipiélago, que es de por sí uno de los países más afectados por fenómenos metereológicos adversos e impredecibles.

LOS EFECTOS DE LA SUBIDA DEL NIVEL DEL MAR

Una de las consecuencias más conocidas del cambio climático es la subida del nivel del mar, aspecto en el que influyen el aumento de las temperaturas de los océanos y el deshielo producido sobre todo en las zonas polares. Se trata de un impacto que tiene un alcance global, con el potencial de afectar a las sociedades, e incluso naciones enteras, que se desarrollan en las regiones costeras.

Existen varios factores que influyen en la subida del nivel del mar, siendo el más importante la absorción de calor por parte de los mares y océanos. Mediante dicho proceso, el agua se expande de la misma manera que cualquier cuerpo se dilata en condiciones de calor. Esta característica física es especialmente relevante, ya que gran parte del calor generado por el calentamiento global, hasta el 93 % (*Véase* La temperatura de los océanos, pág. 46), ya ha sido absorbido por los océanos.

Por otro lado, el deshielo de glaciares y capas de hielo registrados en Groenlandia y la Antártida también han sido identificados como una causa del aumento del nivel del mar. Aunque en este caso nos referimos al hielo que se sitúa en la parte terrestre de los polos. En cuanto a las capas de hielo oceánicas, como la que se forma en el Ártico, debemos tener en cuenta

que provienen del agua marina, creándose o destruyéndose según las estaciones (*Véase* Efectos en el Ártico, pág. 60). Es por ello que, al derretirse, su impacto sobre el nivel del mar es mucho menor.

Gracias al uso de satélites, como el TOPEX / Poseidon lanzado en 1992, la comunidad científica ha podido comprobar los cambios que se están produciendo en el nivel del mar. Dichos satélites mapean la superficie del mar enviando pulsos de microondas y registrando posteriormente el tiempo que tardan en regresar. Con esta técnica se ha conseguido determinar el nivel en la escala de centímetros. Los datos obtenidos de esta manera se complementan con los recabados por la red global de mareógrafos. Este segundo sistema ofrece el acceso a datos pasados que en algunos casos, como en la ciudad holandesa de Ámsterdam, llevan siendo registrados

AUMENTO DE LA SUBIDA DEL NIVEL DEL MAR

Causas que conducen al cambio climático y al aumento del nivel del mar

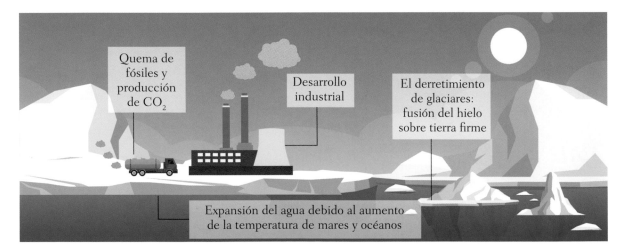

Quema de fósiles y producción de CO_2

Desarrollo industrial

El derretimiento de glaciares: fusión del hielo sobre tierra firme

Expansión del agua debido al aumento de la temperatura de mares y océanos

desde el año 1675. El conjunto de estas mediciones, unidas a otros tipos de estudio, han brindado una visión detallada de los efectos del cambio climático sobre el nivel del mar.

Según el *Special Report on the Ocean and Cryosphere in a Changing Climate,* redactado por el IPCC y publicado en 2019, entre los años 1902 y 2015 el aumento del nivel del mar fue de 16 cm. Además, confirmó que se había detectado una aceleración del ritmo de dicha subida debido a la pérdida de hielo en las capas situadas en Groenlandia y la Antártida. En dicho informe, el IPCC pronosticó que, dentro de un escenario donde la temperatura subía dos grados, el aumento para 2100 sería de 43 cm. Mientras que, en el peor de los escenarios, donde las emisiones de gases de efecto invernadero continuaban creciendo, el incremento podría ser de 84 cm o incluso 1 m.

Debemos tener en cuenta que el nivel del mar no subirá por igual en todas las regiones del planeta. Incluso se espera que descienda en algunas regiones como el Ártico. Esto sucede porque la expansión del agua será mayor en zonas cálidas, como las regiones tropicales, frente a una menor subida en las regiones polares. También dependerá de las características geológicas, las corrientes marinas o la componente atmosférica de la zona.

El aumento del nivel del mar tendrá consecuencias directas en las regiones costeras, tanto sobre los ecosistemas que allí se desarrollan como para las sociedades asentadas. Entre los impactos podemos incluir el incremento de la erosión costera, inundaciones mayores asociadas a fenómenos atmosféricos o a la propia dinámica del mar, cambios en la calidad del agua dulce y salinización del agua subterránea. Dichos efectos tendrán consecuencias sobre aspectos clave como la agricultura, la acuicultura, la economía y la salud, pero también sobre las culturas de las naciones asociadas a las costas. Entre las zonas más vulnerables se encuentran las poblaciones establecidas en los deltas de los ríos o los estados insulares.

Con respecto a la seguridad alimentaria, podemos decir que se verá afectada por, además de las potenciales inundaciones, la entrada de agua salada en el suelo. Esto tendrá como consecuencia la salinización de un valioso recurso que también se encuentra en riesgo debido al cambio climático y a la gestión deficiente del recurso (*véase* Los recursos hídricos frente al cambio climático, pág. 34). Ante dicho escenario, los agricultores tendrán que recurrir a variedades de plantas resistentes a la sal. Esta realidad ya ha sido documentada, por ejemplo, en zonas agrícolas del delta del río Nilo en África o los deltas del río Yuan y del Mekong en Vietnam.

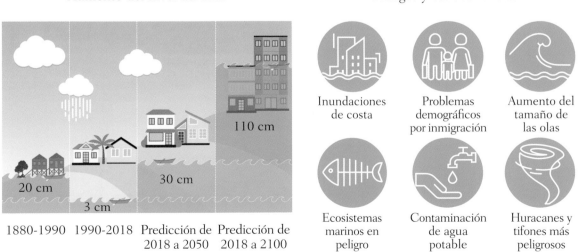

Aumento del nivel del mar

20 cm
3 cm
30 cm
110 cm

1880-1990   1990-2018   Predicción de 2018 a 2050   Predicción de 2018 a 2100

Riesgos y consecuencias

Inundaciones de costa

Problemas demográficos por inmigración

Aumento del tamaño de las olas

Ecosistemas marinos en peligro

Contaminación de agua potable

Huracanes y tifones más peligrosos

Según un estudio publicado en la revista científica *Nature Communications,* para el año 2050 alrededor de 150 millones de personas se verán afectadas seriamente durante las mareas altas. Mientras que otros 300 millones de personas vivirán en zonas donde sufrirán inundaciones cada año. Para el año 2100, en un escenario de bajas emisiones de gases de efecto invernadero, alrededor de 140 millones de personas estarán afectadas por las mareas altas y 280 millones tendrán que hacer frente a las inundaciones cada año. En el caso de un escenario de altas emisiones, las cifras llegan hasta 540 millones y 640 millones respectivamente.

A lo largo de la historia, las zonas costeras han experimentado un gran crecimiento poblacional, lo que supone que actualmente dichas sociedades se encuentran mucho más amenazadas por el cambio climático. Los diferentes impactos asociados al aumento del nivel del mar tendrán como consecuencia el necesario desplazamiento de millones de personas hacia el interior de los continentes. Las casas y otras infraestructuras de dichas sociedades están en riesgo debido a las inundaciones asociadas a fenómenos atmosféricos, como pueden ser los monzones y huracanes, o los tsunamis y las mareas. La protección de estas personas va a depender de la capacidad de los países para poner en marcha diferentes medidas.

Entre las ciudades que están amenazadas por la subida del nivel del mar se encuentra Venecia. Esto se debe a que la urbe se construyó en un conjunto de islas en el interior de la laguna costera salada de Venecia. Concretamente, dicha población se enfrenta a la gestión de las mareas cuya magnitud es cada vez mayor. Para ello, se ha construido un sistema de barreras contra inundaciones, conocido como Sistema MOSE, con el consiguiente gasto económico que eso supone.

Las poblaciones más afectadas por el reto que supone el ascenso del mar son aquellas que viven en islas, archipiélagos o atolones. Debido a la erosión costera, dichas naciones se enfrentan a la desaparición de su territorio, además de la pérdida de recursos hídricos a causa de la salinización. Entre los países que presentan un mayor riesgo encontramos a Maldivas, Tuvalu, Fiyi y otras naciones insulares de los océanos Índico y Pacífico. De mantenerse el ritmo actual de subida del nivel del mar, se calcula que las islas Maldivas serían inhabitables para 2100. Como consecuencia, las habitantes de estas regiones se verán obligados a abandonar sus hogares y, en el caso de que desaparezca toda la nación, migrar a otros países.

Ante esta situación, las naciones deben tomar medidas para adaptarse al aumento del nivel del mar. Dichas soluciones suelen clasificarse en tres tipos:

SISTEMA DE BARRERAS CONTRA INUNDACIONES MOSE

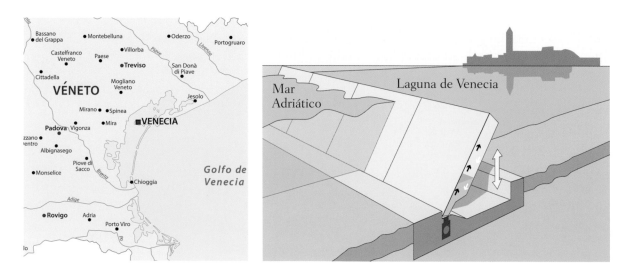

CIUDADES EN RIESGO POR EL AUMENTO DEL NIVEL DEL MAR

Uno de los riesgos que el aumento del nivel del mar conlleva son las inundaciones que puedan generarse en la costa y la inundación de la mayoría de las islas. La Academia de Ciencias de Estados Unidos prevé que para 2050 unas 570 ciudades costeras se encuentren en peligro debido al aumento del nivel del mar, lo que afectaría aproximadamente a 800 millones de personas. Entre las ciudades más afectadas por este fenómeno se encuentran las que podemos ver en el mapa inferior.

Si la Antártida se derritiera en su totalidad, el mar aumentaría en 5 m y si lo hiciera Groenlandia el mar subiría 7 m.

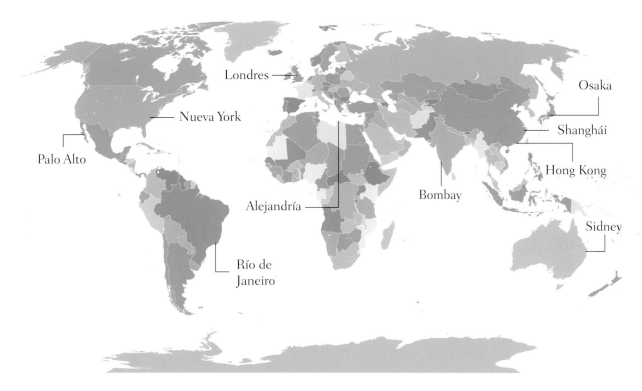

retirada, acomodación y protección. La retirada consiste en el traslado de los habitantes hacia zonas del interior para evitar los efectos, a la vez que se disminuye el desarrollo o construcción en zonas de riesgo. Esta forma de adaptación supone otros problemas, ya que pueden surgir conflictos entre las personas desplazadas y los territorios que las acogen. Con respecto a la adaptación, las construcciones e infraestructuras deben crearse teniendo en cuenta los daños que pueden ocasionar las inundaciones. Finalmente, también puede recurrirse a la construcción de diques o conservación de defensas naturales, como los manglares o arrecifes de coral, que frenen el avance del mar o los fenómenos de inundaciones.

Un ejemplo de construcción artificial es el proyecto Plan Delta, o *Deltawerken* en holandés, puesto en marcha por los Países Bajos, ya que gran parte de este país se encuentra por debajo del nivel del mar. El Plan Delta es un modelo de seguridad ante el agua con barreras de hasta 3 km, con pilares de hormigón para evitar el oleaje. También podemos mencionar la ciudad isleña de Miami Beach, al sur de Florida, la cual invirtió 500 millones de dólares en un plan para crear, entre otras medidas, un sistema de drenaje o el levantamiento de infraestructuras como las carreteras. Pero dichas adaptaciones pueden ser demasiado caras para ser abordadas por pequeñas naciones, como las insulares, o pobres, como Bangladesh.

LOS SISTEMAS DE SALUD Y LOS DESASTRES NATURALES

Una de las consecuencias más palpables del cambio climático es el aumento en la frecuencia y gravedad con la que se producen los desastres naturales. Estos fenómenos suponen un desafío para los sistemas de salud, que tienen que establecer procedimientos y protocolos de emergencias capaces de responder con rapidez y proporcionalidad ante un evento que amenaza la salud y seguridad de las personas. Es por ello que la prevención de riesgos y el fortalecimiento de los sistemas de salud se ha convertido en un aliado para combatir los efectos del cambio climático.

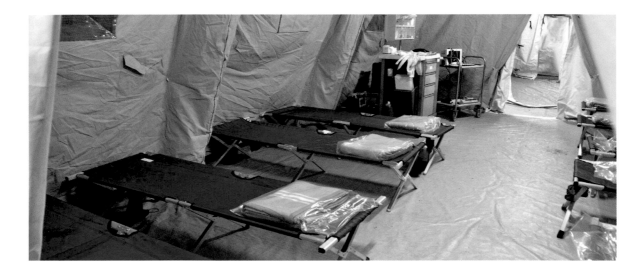

Los desastres naturales abarcan los fenómenos de origen natural (biótico o abiótico), con un carácter de cierta imprevisibilidad en cuanto a su gravedad y alcance final, que ocasiona la pérdida y degradación de espacios naturales, infraestructuras y sistemas productivos, suponiendo también un riesgo elevado para las personas y demás especies presentes en la zona en la que ocurre dicho fenómeno. Pueden ser de distinto tipo, aunque normalmente se engloban en terremotos, huracanes o tormentas tropicales, lluvias torrenciales e inundaciones, la sequía y los incendios forestales. Todos ellos tienen en común que su escala de impacto es muy variable y pueden darse casos en los que su efecto sea casi marginal y muy localizado en un contexto o región concreta, o bien pueden llegar a desestabilizar las estructuras sanitarias de todo un país.

Las herramientas de detección temprana y seguimiento de los desastres y catástrofes naturales ha evolucionado significativamente, especialmente en el ámbito de la meteorología, lo que permite un seguimiento en tiempo real de las tormentas y huracanes, sin embargo, la capacidad humana para influir sobre las condiciones meteorológicas es nula, siendo imposible paliar o mitigar sus efectos o predecir con un 100% de exactitud la escala, duración e impacto, cambios de dirección y demás características de estos fenómenos.

Ante esta circunstancia, resulta imprescindible que existan protocolos de actuación por parte de los sistemas sanitarios para poder hacer frente a las consecuencias para la salud y la seguridad de las personas cuando ocurren estos desastres. Cabe destacar, además, que estos fenómenos se dan en todos los continentes del planeta, amenazando de manera potencial a cualquier región del mundo, aunque es cierto que determinadas características propias de cada zona, como la sismología, la existencia de zonas inundables, su localización en zonas tropicales o templadas, etc., influyen drásticamente el nivel de riesgo.

LOS SISTEMAS DE SALUD ANTE LOS DESASTRES NATURALES

El objetivo de los sistemas de salud ante un desastre natural siempre es el mismo, asegurar el acceso a la sanidad a las personas afectadas y evitar la propagación de enfermedades o el foco de epidemias a consecuencia de la alteración en la infraestructura sanitaria de la zona afectada, poniendo la prioridad en la seguridad y la salud de las personas que residen en las zonas donde se ha producido el desastre y de las personas que trabajan para su resolución, como voluntarios y personal de emergencias.

Existen una serie de elementos de actuación prioritarios que son comunes a cualquier tipo de desastre, independientemente de su tipo o naturaleza:

- **Manejo de víctimas en masa:** en un acontecimiento como un desastre natural las víctimas pueden llegar a ser muy numerosas, por lo que para evitar el colapso de los servicios sanitarios se deben establecer parámetros de actuación que impliquen una atención prehospitalaria y una atención hospitalaria, reservada en un primer momento para casos más graves. La idea es poder prestar un servicio de urgencia fuera del hospital para evitar que se vean desbordadas las instalaciones.

- **Vigilancia epidemiológica:** existen muchos casos en los que ante un desastre el riesgo de epidemias y la transmisión acelerada de patologías contagiosas supone un riesgo elevado para la salud (*véase* Enfermedades asociadas a inundaciones, pág. 143), por tanto, es de vital importancia detectar posibles brotes de estas enfermedades y monitorizar su evolución.

- **Saneamiento ambiental:** este resulta uno de los puntos críticos y es que la primera preocupación ante un desastre natural es el abastecimiento de agua potable segura para las personas afectadas, ya que en un primer momento no se puede garantizar que las fuentes de agua habituales no estén contaminadas por la destrucción total o parcial de la red de saneamiento. Una vez solucio-

Desastres metereológicos como terremotos o inundaciones conllevan accidentados en masa, posibles epidemias derivadas, problemas de saneamiento público, etc.

nada la disponibilidad de agua, el foco se fija en el restablecimiento del abastecimiento, el control de los residuos y la posible materia orgánica en descomposición y el control de probables vectores de transmisión de enfermedades.

- **Salud mental:** ante un evento de naturaleza catastrófica, las personas afectadas necesitan apoyo emocional y profesionales de la salud mental que les ayuden a asumir la realidad de la situación en la que se encuentran y a poder gestionar las frustraciones, ansiedad y miedo que esta genera.

- **Gestión sanitaria de desplazados:** cuando la escala del desastre es elevada, se producirán desplazamientos de la población afectada, que tendrá que instalarse en campamentos o albergues temporales, donde la atención sanitaria deberá ser constante, igual que el saneamiento ambiental de dichas instalaciones, para evitar la transmisión de enfermedades.

- **Alimentación y nutrición:** si el primer recurso a garantizar es el acceso al agua, el acceso a fuentes de alimentación seguras también es prioritario, especialmente en los casos de inundaciones, donde los recursos de la zona suelen quedar inservibles o en un estado en el que no es posible garantizar su seguridad ante el riesgo de contaminación.

LAS ENFERMEDADES TROPICALES Y EL CAMBIO CLIMÁTICO

Los cambios en las temperaturas y regímenes de precipitaciones generalizados en todo el planeta suponen una modificación de los hábitats y áreas de distribución de numerosas especies. Del mismo modo que algunas ven reducida el área que reúne las condiciones para su supervivencia, otras lo ven aumentado significativamente. Entre estas últimas se encuentran varias especies de insectos que transmiten enfermedades tropicales, como el dengue, la malaria o el zika.

Enfermedades tropicales es el término por el que se conoce de manera tradicional a aquellas patologías que se desarrollaban de manera localizada en torno a las zonas tropicales del planeta, es decir, a la franja contenida entre los trópicos de Cáncer y Capricornio. Quedando limitadas a estas zonas de mayor temperatura que las zonas templadas que abarcan desde los trópicos a los círculos polares. Los climas tropicales están caracterizados por una temperatura media elevada y un régimen de precipitaciones con carácter estacional, que provoca climas húmedos con una temperatura media cálida. Estas condiciones son perfectas para la proliferación de determinadas especies de insectos y artrópodos, como por ejemplo las garrapatas o los mosquitos.

Estos insectos se alimentan gracias a otros organismos vivos mediante las picaduras, extrayendo la sangre del organismo al que pican, transformándose en un vector perfecto para la transmisión de patógenos y parásitos que provocan las enfermedades tropica-

les. Para entender los riesgos del cambio climático sobre las enfermedades tropicales conviene definir las diferencias entre parásitos, patógenos y vectores.

PARÁSITOS

Los parásitos son organismos que requieren de un huésped vivo para sobrevivir, de tal forma que infectan a este organismo y lo parasitan, realizando sus funciones vitales y ciclo de vida gracias al huésped. Dependiendo de su tamaño y de su tipo pueden vivir tanto en la superficie del huésped (como en el caso de garrapatas o piojos), o bien introducirse dentro del organismo cuando son microorganismos o bacterias.

Se trata de una relación biológica en la que no existe reciprocidad entre huésped y parásito, ya que no es una circunstancia ventajosa para ambas partes; en contraposición con el mutualismo o el comensalismo, donde entre agente externo y huésped se dan relaciones mutuamente beneficiosas. El parasitismo puede considerarse como un tipo de depredación.

EXPANSIÓN DEL MOSQUITO TIGRE

Evolución de la distribución del mosquito tigre *Aedes albopictus* hasta el año 2011.

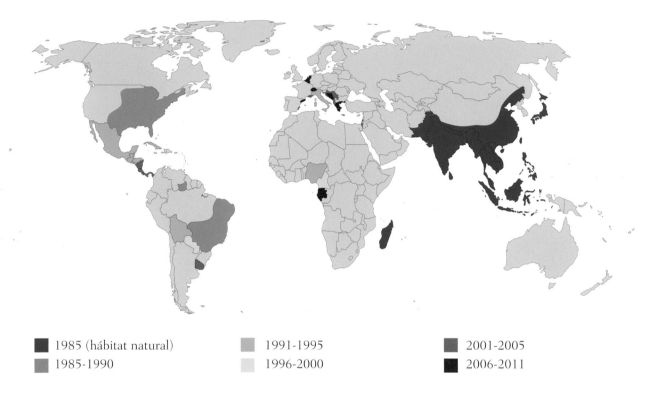

■ 1985 (hábitat natural)	■ 1991-1995	■ 2001-2005
■ 1985-1990	■ 1996-2000	■ 2006-2011

PATÓGENOS

Cuando la intrusión de un agente externo en un organismo vivo genera no solo una relación de parasitismo, sino que, además, provoca enfermedades en el huésped, hablamos de elementos patógenos.

Los patógenos serán por tanto los elementos de naturaleza biológica que se introducen en un huésped al que parasitan y que, como consecuencia de este parasitismo, provocan una patología o enfermedad de diversa gravedad. Podemos encontrar ejemplos de patógenos en virus, bacterias, hongos, protozoos, etc.

VECTORES

Los vectores son organismos que transmiten los patógenos entre un huésped y otro. Pueden, o no, manifestar la enfermedad que transmite el patógeno ellos mismos e incluso pueden realizar funciones de zoonosis, haciendo que la enfermedad se transmita entre organismos de distintas especies.

Los parásitos como los mosquitos o las garrapatas se alimentan de la sangre de los individuos de diversas especies a los que pican, siendo un vector de transmisión perfecto para enfermedades provocadas por patógenos que se encuentran en el torrente sanguíneo, como por ejemplo los virus.

Algunas especies de mosquitos pueden transmitir enfermedades, como *Aedes aegypti*, que es responsable de la transmisión de la malaria, o *Aedes albopictus*, que puede transmitir el Zika y chikungunya.

LOS CAMBIOS AFECTAN A LAS ZONAS ENDÉMICAS Y A OTRAS REGIONES DEL MUNDO

En los países y regiones donde las enfermedades tropicales son ya endémicas, el problema o la influencia de las mismas se ve agravado por los cambios en las condiciones ambientales. Un ejemplo de esto es la malaria. Esta enfermedad se daba antes en zonas bajas, cercanas al nivel del mar y en zonas de humedales, con elevada temperatura y humedad y su incidencia en las zonas montañosas era muy limitada. Sin embargo, el cambio climático ha provocado que la temperatura media ascienda en las regiones montañosas tropicales, haciendo que el mosquito *Aedes aegypti* (transmisor de la malaria) pueda sobrevivir a 400 metros de altura, poniendo en peligro a comunidades que antes se consideraban seguras.

En un sentido más amplio, regiones cercanas a los climas tropicales están experimentando cambios en sus condiciones climáticas que provocan que la barrera entre climas tropicales y templados sea más difusa y que especies de insectos, especialmente mosquitos, que antes no sobrevivían en esas áreas, ahora estén no solo proliferando, sino incluso desplazando a las especies locales convirtiéndose en especies invasoras (*véase* La sinergia entre especies invasoras y cambio climático, pág. 68).

En el caso de la malaria resulta especialmente peligroso, teniendo en cuenta los enormes esfuerzos que se han hecho y la evolución positiva que ha seguido la lucha por erradicar la enfermedad, ahora amenazada por la presión del cambio climático que dificulta su gestión.

En zonas de EE.UU. y Europa están apareciendo brotes de enfermedades como el zika, la fiebre del Nilo o el dengue, como consecuencia de la instalación de estas comunidades de insectos.

El problema es tal que, según la ONU, en los próximos 50 años especies de mosquitos transmisoras de enfermedades tropicales podrán habitar en la práctica totalidad del planeta, o, al menos, en casi el 100% de las zonas habitadas.

Una de las mejores medidas de prevención para evitar esta dispersión de especies invasoras es mantener los ecosistemas locales y autóctonos sanos, con una amplia diversidad biológica, que les permita reaccionar ante las especies invasoras evitando una rápida colonización y desplazamiento.

EVOLUCIÓN DE LA MALARIA EN EL MUNDO

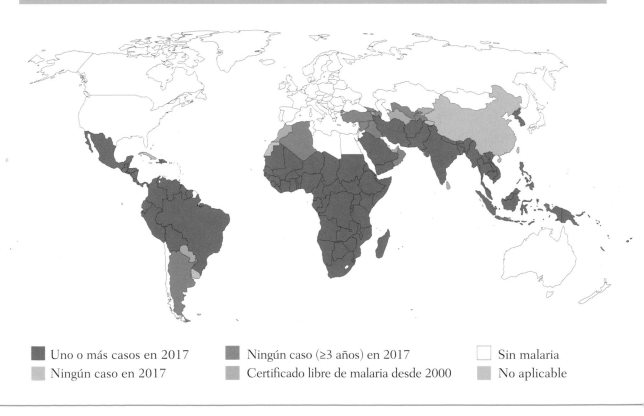

Uno o más casos en 2017 — Ningún caso (≥3 años) en 2017 — Sin malaria
Ningún caso en 2017 — Certificado libre de malaria desde 2000 — No aplicable

ENFERMEDADES ASOCIADAS A INUNDACIONES

El aumento en la incidencia y gravedad de los fenómenos climáticos extremos es una de las características y tendencias generales observadas a consecuencia del cambio climático. Esta situación afecta de manera directa a las inundaciones, las cuales pueden ser la consecuencia o resultado de diversos desastres naturales. A causa del aumento de fenómenos como huracanes, tormentas o lluvias torrenciales, tanto la frecuencia como la gravedad de las inundaciones ha aumentado a lo largo de todo el mundo.

Las inundaciones son una amenaza para cualquier región del mundo, independientemente de su nivel de estabilidad geopolítica o su nivel de desarrollo industrial o económico. Generan un duro impacto económico y social, acarreando en muchas ocasiones la pérdida de vidas humanas, así como efectos devastadores sobre sectores como la agricultura y la ganadería y el colapso de zonas urbanas. Además del primer efecto inmediato sobre la seguridad y salud de las personas, provocada por los ahogamientos, los deslizamientos de tierra, las riadas y fenómenos de similar naturaleza geofísica, existe otro tipo de amenaza asociada a las inundaciones.

Esta amenaza está provocada por las enfermedades vinculadas a los procesos de inundación y que provocan brotes de enfermedades infecciosas en las zonas afectadas por estos fenómenos climáticos extremos. Normalmente se deben a dos factores principales:

• La **contaminación** de las aguas estancadas por agentes patógenos.

• La proliferación de **vectores de transmisión** de la enfermedad.

La prevención de las inundaciones mediante sistemas de desagüe y drenaje es fundamental para paliar sus efectos, pero también resultan claves en la gestión de estas catástrofes una red de saneamiento adecuada, que evite en la medida de lo posible la contaminación de las aguas estancadas por patógenos y la puesta a disposición de la población afectada (humana y animal), de una fuente de agua potable segura que evite la propagación y transmisión de enfermedades.

MALARIA
Esta enfermedad transmitida por el mosquito *Anopheles* es propia de zonas húmedas con temperaturas medias elevadas, por lo que es frecuen-

PROCESO DE INFECCIÓN DE LA MALARIA

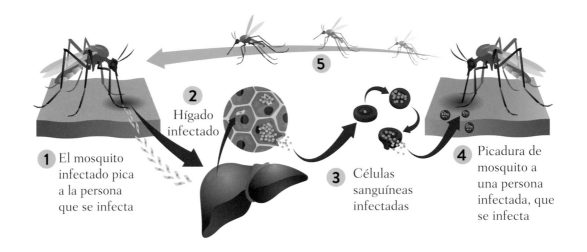

2 Hígado infectado

1 El mosquito infectado pica a la persona que se infecta

5

3 Células sanguíneas infectadas

4 Picadura de mosquito a una persona infectada, que se infecta

te su aparición en zonas tropicales, o zonas de climas templados pero que cuenten con zonas de inundación como marismas o manglares que acumulen las condiciones necesarias para la supervivencia de este insecto (*véase* Las enfermedades tropicales y el cambio climático, pág. 140). Entre los síntomas más habituales se encuentra la fiebre, náuseas, vómitos, debilidad general y fuerte dolor muscular.

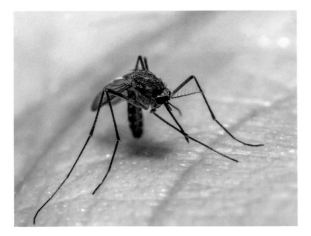

Las hembras del mosquito *Anopheles* son el vector principal de la malaria o paludismo, sobre todo en África, Asia, América y algunas zonas del Pacífico occidental.

El origen de los brotes de malaria después de las inundaciones se da cuando, en zonas en las que es viable la presencia del mosquito transmisor de la enfermedad, se da un proceso de subida o desbordamiento de aguas junto con su estancamiento posterior, que transforma zonas rurales o urbanas en zonas inundadas de características muy similares a los humedales, con abundante materia orgánica en descomposición. En estas condiciones se dispara la presencia de los mosquitos y por tanto aumenta el riesgo de transmisión y brote de la enfermedad.

CÓLERA

Es una enfermedad intestinal provocada por la ingesta de la bacteria *Vibrio cholerae*. Sus principales síntomas incluyen procesos gastrointestinales como diarreas intensas, náuseas y vómitos constantes, sensación permanente de cansancio y deshidratación a consecuencia de la dificultad para retener líquidos, que puede ser severa.

Su origen se debe a la contaminación de las fuentes de consumo de agua con *Vibrio cholerae*, presente en las heces de los animales o personas que presentan la enfermedad. Debido a esto, en regiones en las que se dispone de sistemas de saneamiento eficientes no suele suponer un riesgo de brote infeccioso. Sin embargo, ante un

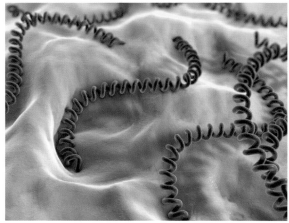

Ilustración en 3D de la bacteria *Vibrio cholerae*, el agente causante de la enfermedad del cólera, contaminando el agua potable.

Ilustración en 3D de la peculiar bacteria *Leptospira*, con forma en espiral, el agente causante de la enfermedad de leptospirosis.

fenómeno catastrófico como una inundación, el agua estancada en las zonas inundadas puede ser mezcla de agua de lluvia o procedente de un río, aguas residuales, etc., por lo que existe la posibilidad de que heces contaminadas con la bacteria estén presentes en dicha agua.

Para prevenir los efectos de la bacteria es fundamental asegurar el acceso a una fuente de agua potable limpia y fuera de toda sospecha de contaminación desde los primeros momentos posteriores a la inundación.

LEPTOSPIROSIS
En este caso, se trata de una enfermedad provocada por el contacto a través de las mucosas o heridas expuestas con la bacteria *Leptospira,* los síntomas que provoca son variados, desde fiebres altas, mareos, náuseas, diarrea y, en determinados casos, fallo renal o problemas de circulación sanguínea o hepáticos.

No se transmite por el contacto entre personas y su foco se localiza en las heces u orina de animales infectados por la bacteria, que podrían ser animales propios de ámbitos urbanos, como roedores, perros o gatos, o bien animales pertenecientes a ganado bovino, vacuno o porcino. Por lo tanto, su riesgo se debe a que, en casos de inundación, es frecuente que cadáveres de animales en descom-

posición se encuentren en las aguas acumuladas en los días posteriores, siendo estas un foco de infección para las personas en contacto directo con ellas.

FIEBRE TIFOIDEA
La bacteria *Salmonella typhi* es fácil de encontrar en ambientes cuyas condiciones de saneamiento e higiene no sean adecuadas. Tras una inundación, es común que la bacteria prolifere en agua o alimentos contaminados, infectando a quien los consuma y provocando después otros contagios persona a persona.

Los síntomas de la fiebre tifoidea son fiebre alta, escalofríos, malestar, tos seca, manchas rojas en la piel como pequeños puntos y aumento del tamaño del bazo. Luchar contra la fiebre tifoidea se consigue lavando y desinfectando los alimentos con cloro o lejía diluida, bebiendo agua embotellada y aislando a los enfermos.

HEPATITIS A
El virus de la hepatitis A puede transmitirse por ingestión de agua y alimentos o por contacto con heces contaminadas. Cualquier situación en la que la higiene y saneamiento sean precarias, como una inundación, son condiciones para su proliferación. Los síntomas de esta enfermedad son similares a la gripe.

ALERGIAS Y CAMBIO CLIMÁTICO

El aumento en el número de personas que padecen afecciones relacionadas con las alergias, asma y complicaciones respiratorias relacionadas con alérgenos es una constante en todas las regiones del mundo. Afecta especialmente a las zonas urbanas con mayores niveles de industrialización, pero también se observa un aumento de las alergias en zonas rurales. Algunas de las causas de este aumento están relacionadas directamente con el cambio climático.

Cuando hablamos de alergias, nos referimos a reacciones inmunológicas hacia un agente (o alérgeno) que no suele provocar esta reacción en la mayoría de la población, ya que no suponen un riesgo para la salud ni se trata de un patógeno como tal. Se podría decir que es una respuesta exagerada del sistema inmune, que reacciona ante una sustancia como si fuera a provocar una enfermedad o malestar grave, cuando, en realidad, es inocuo o no supone un riesgo significativo para la salud de las personas.

Existen alergias de distintos tipos: alergias alimentarias, alergias cutáneas a determinados materiales, alergia al frío o la radiación solar, a determinados medicamentos, etc. Las más comunes son sin duda las alergias producidas por la exposición al polen de determinadas especies vegetales, estando por tanto vinculadas a las etapas y ciclos reproductivos de las plantas y agravándose en los meses en los que la producción de polen por parte de las especies vegetales es mayor, concentrándose sobre todo en primavera y, originando las que son conocidas como las alergias estacionales. Entre las alergias más comunes de este tipo están las especies como el olivo, las gramíneas, determinadas especies ornamentales, frutales, etc.

INCIDENCIA DEL CAMBIO CLIMÁTICO EN LA POLINIZACIÓN

Las modificaciones en las condiciones climáticas generan un impacto directo sobre los ciclos vitales de las especies vegetales, incluidas las etapas de polinización, floración, etc. En concreto, la liberación del polen al ambiente para el proceso reproductivo de las especies con flores masculinas (las encargadas de liberar el polen para la fecundación de la flor femenina) se da en los meses de primavera y verano en la mayoría de las especies, cuando hay una suma de temperaturas, humedad y vientos que favorecen la dispersión del polen y facilitan el éxito reproductivo del proceso de polinización.

Los cambios en los regímenes de temperaturas globales del planeta, con el aumento medio de las temperaturas, han provocado que la temporada de producción de polen haya aumentado de forma promedio 20 días más en todo el mundo, lo que no solo alarga la duración de las alergias estacionales, sino que también favorece la acumulación de una mayor cantidad de polen en el ambiente, de modo que se calcula que en 2020 había un 8 % más de polen que el registrado en 1990.

Tampoco se puede olvidar que existen alergias relacionadas con plantas cuya fase de polinización se desarrolla en invierno y también se está provocando una modificación en cuanto a la duración de sus ciclos y etapas de polinización. Un ejemplo son las alergias al ciprés, donde las personas solían presentar síntomas concentrados solo en la fase invernal y ahora abarca todo el primer semestre del año el periodo en el que se dan episodios alérgicos. Esta prolongación de las alergias estacionales provoca una sobreexposición a las sustancias alérgenas que puede agravar las afecciones previas y ocasionar la aparición de cuadros asmáticos o el desarrollo del asma y otras enfermedades respiratorias.

EL AUMENTO DE CO_2 Y EL POLEN

La acumulación del CO_2 en la atmósfera es una de las causas del cambio climático y también es responsable de un empeoramiento en las alergias y afecciones respiratorias. El aumento en la concentración de este gas, junto con la subida de la temperatura media del planeta, están provocando que en determinadas regiones del mundo el crecimiento de las especies sea más rápido. Esto se debe a que la concentración de dióxido de carbono junto con las temperaturas más cálidas aceleran el proceso fotosintético y la producción de azúcares en las plantas, lo que estimula su crecimiento.

En estos casos se puede afirmar que el dióxido de carbono está llevando a cabo una acción fertilizante para algunas especies vegetales. Algunos de los cultivos favorecidos por esta acumulación de CO_2 son las gramíneas y el olivo, cuyos pólenes son los más alergizantes de la región mediterránea.

LAS ZONAS INDUSTRIALES Y URBANAS

En las zonas con un mayor nivel de industrialización o en las ciudades donde se acumula un mayor número de emisiones de gases de efecto invernadero también se ve un aumento significativo del número de casos de personas que presentan alergias. Por un lado, guarda relación con lo ya comentado sobre el aumento en la duración y concentración de las etapas de polinización de las diversas especies, pero también hay más factores específicos de las áreas urbanas e industriales.

En el caso de las ciudades, cuanto mayor es el rango de emisiones y contaminantes, mayor es el efecto conocido como islas de calor y el *smog* (*véase* Influencia antropogénica sobre el clima, pág. 29), siendo más difícil que se produzca un intercambio o ruptura de la cúpula de aire que rodea las ciudades con el resto de masas de aire que la rodean. Esto provoca una acumulación del polen dentro de las zonas urbanas que acentúa los efectos de las alergias provocadas por dicho polen.

En las zonas industriales, las emisiones de gases contaminantes y de efecto invernadero también suponen la liberación de micropartículas al ambiente en enormes cantidades. Muchas de estas partículas se corresponden con el uso de combustibles fósiles, tanto como fuente de energía como de combustible, e implican la liberación a la atmósfera de metales pesados y otras partículas que, al entrar en contacto con las vías respiratorias, provocan irritaciones y cuadros alérgicos, así como afecciones respiratorias como el asma, bronquitis, etc. Este efecto también se observa en las grandes ciudades con una gran acumulación de tráfico rodado.

Las alergias en la ciudad han aumentado debido al efecto de las emisiones de los tubos de escape de los vehículos en el aire que respiramos.

AGUA, HIGIENE, SALUD Y CAMBIO CLIMÁTICO

El agua y el cambio climático están íntimamente relacionados. Los efectos del cambio climático se traducen en sequías, inundaciones, tormentas y otros fenómenos climáticos extremos. Estos desastres pueden destruir retretes y suministros de agua, comprometiendo la calidad y potabilidad del agua, poniendo en peligro la vida de las personas. Sin agua limpia, la población se encuentra en riesgo extremo de contraer enfermedades que causan miles de muertes a diario. Una parte fundamental de la lucha contra el cambio climático es garantizar un acceso equitativo y universal al agua y servicios de saneamiento.

El agua es uno de los elementos fundamentales del desarrollo sostenible y una de las bases para garantizar tanto el desarrollo socioeconómico de las comunidades y regiones, como el acceso a la energía o la producción de alimentos, además de ser básica para la supervivencia de los ecosistemas y, por supuesto, de la especie humana. Es un recurso natural renovable (siempre que se contemple un uso sostenible que evite su sobreexplotación), pero su disponibilidad se ve amenazada por el cambio climático.

Además de ser un recurso y factor limitante para la vida de las especies, también es un derecho humano fundamental, elemento vertebrador de las comunidades y regiones locales y un factor limitante para el desarrollo sostenible. No solo de trata de que el acceso al agua potable y de calidad sea un derecho reconocido por la ONU, sino que además la calidad de los sistemas de saneamiento e higiene de las poblaciones locales está directa e íntimamente relacionada con la salud pública, la prevención de enfermedades y la prevención de la mortalidad infantil, siendo uno de los indicadores de estabilidad y desarrollo social y económico.

Con el aumento y la mejora de la tecnología y métodos de análisis de la calidad del agua, se ha producido un abaratamiento significativo de los costes de análisis de calidad y potabilidad del agua, lo que ha permitido conocer de manera más clara y concisa las condiciones de la red de saneamiento mundial, arrojando datos preocupantes. Se calcula que aproximadamente 1 800 millones de personas en el mundo consumen agua contaminada por la bacteria *Escherichia coli*, presente en la materia fecal. La presencia de esta bacteria evidencia deficiencias en los sistemas de tratamiento y purificación del agua, como por ejemplo la contaminación del agua potable con aguas residuales o una deficiencia severa en los procesos de purificación de la misma.

El cambio climático tiene una incidencia severa sobre dos aspectos clave para la gestión y saneamiento del agua en todo el mundo: los desastres naturales y la pluviosidad. El primero de estos se debe tanto a aquellos desastres naturales directamente relacionados con el agua (como puedan ser las inundaciones), como aquellos que ponen en peligro el correcto funcionamiento de la red de saneamiento y agua potable (terremotos), provocando una situación de

ACCESO AL AGUA POTABLE EN EL MUNDO

2 100 millones de personas no tienen agua potable en su hogar

844 millones carecen de servicio básico de suministro

159 millones dependen de aguas superficiales

263 millones emplean 30 minutos en cada viaje para recoger agua de fuentes

340 000 menores de cinco años mueren cada año por diarrea

emergencia sanitaria (*véase* Enfermedades asociadas a inundaciones, pág. 143 y Los sistemas de salud y los desastres naturales, pág. 138). El segundo está más relacionado con el cambio en la disponibilidad y la gestión del agua como recurso hídrico.

Los regímenes de precipitaciones están cambiando como consecuencia del cambio climático y, además, esta modificación tiene una fuerte variación dependiendo de la región del planeta que se esté sometiendo a análisis. Encontramos zonas en las que la lluvia adquiere un carácter más torrencial aumentando su intensidad, mientras que en otras regiones disminuye su frecuencia, estableciendo periodos secos más prolongados, incrementando el riesgo de sequías. La sequía es una amenaza grave para los ecosistemas, ya que el agua es un factor limitante para la vida y desarrollo de las especies y, además, también es una amenaza grave para las personas. Esta amenaza viene dada por varias razones principales:

- **Disponibilidad de agua potable:** cuando se dan periodos de sequía, los acuíferos aumentan la presión a la que están sometidos y pueden llegar a secarse o disminuir significativamente su disponibilidad. Esta amenaza también afecta a las aguas superficiales, donde ríos y lagos pueden, o desaparecer por completo durante periodos secos, o bien ver su capacidad de abastecimiento muy limitada.

- **Hambrunas:** la falta de disponibilidad de agua afecta de manera grave a los sectores agrarios y ganaderos. Los requerimientos hídricos de los cultivos y la ganadería (especialmente en el caso de las explotaciones de carácter intensivo), no se ajustan a la disponibilidad de agua, sino que mantienen una demanda constante. Cuando la cantidad de agua disponible no es suficiente para abastecer la demanda, se pierden cosechas y ganado, amenazando la seguridad alimentaria.

- **Aumento de enfermedades:** la baja disponibilidad de agua potable, especialmente de aguas subterráneas, hace que la población local recurra a fuentes de agua dudosas, como aguas de escorrentía o aguas estancadas. Además, la disminución del cauce y el caudal de ríos y lagos, así como la disminución de agua disponible en los acuíferos aumenta el riesgo de contaminación de los mismos.

El agua es un recurso amenazado por el cambio climático y su protección debe ser una de las principales preocupaciones por sus implicaciones en la viabilidad de los ecosistemas, la salud de las personas y el desarrollo socioeconómico. Hasta tal punto es relevante que entre los Objetivos de Desarrollo Sostenible está el «Agua limpia y saneamiento» (ODS 6).

ACCIONES INDIVIDUALES FRENTE AL CAMBIO CLIMÁTICO

Como hemos visto a lo largo de este libro, el cambio climático es una realidad y está transformando nuestra manera de hacer las cosas tanto a nivel individual como institucional. Se trata de una alianza global para lograr el desarrollo sostenible y que nuestro impacto sobre el medio sea el menor posible. Sin embargo, hay personas que creen que las acciones individuales o pequeños gestos no sirven para nada. ¿No suman muchos pequeños granos de arena las grandes playas? Las acciones individuales también suman en la lucha contra el cambio climático y hay un gran abanico de actuaciones sostenibles que toda persona tiene en su mano.

Conseguir un futuro sostenible es una responsabilidad conjunta entre instituciones, empresas y sociedad. Nuestras acciones de hoy afectarán al mañana y somos responsables de formar parte del cambio. Además de mejorar la eficiencia energética en el ámbito doméstico (*véase* Acciones individuales por la eficiencia energética, pag. 112), podemos tomar partido y actuar frente al cambio climático de diferentes maneras, resumiéndose en aplicar la norma de las «10R».

Antes de esta, se aplicaba la de las «3R», reducir, reciclar, reutilizar, pero el consumo desmedido y el despilfarro de recursos ha llevado al desarrollo de la definición de las 10R con la intención de lograr alargar la vida de nuestros productos y ser más conscientes del consumo individual.

El movimiento de las 10 R busca por tanto cambiar nuestra perspectiva en relación a los residuos que generamos y también cambiar nuestra filosofía de vida, definiendo las 10R como:

• **Reducir:** disminuir la cantidad de productos que consumimos y residuos que generamos, y aumentar la eficiencia en el uso de recursos.

Aunque el reciclaje de envases conlleva beneficios ambientales, ya que permite que se ahorren materias primas y agua, además de reducir las emisiones de gases de efecto invernadero, para reciclar se necesita mucha energía y numerosos recursos, por lo que no siempre es tan «limpio» como pensamos.

Una de las 10R, reutilizar, se ha convertido en un pasatiempo decorativo de modo sostenible.

Además, debemos tener en cuenta la cantidad de recursos que utilizamos a diario, como el agua. Según las Naciones Unidas, 1 100 millones de personas en el mundo no pueden abastecerse de agua y 2 400 millones no tienen acceso a sistemas de saneamiento. El agua es un bien escaso y común que el ser humano necesita para vivir, por lo que no debemos derrocharlo estemos donde estemos. Arreglar los grifos para asegurar que no hay pérdidas por goteo, instalar difusores de agua, cerrar el grifo y no dejar correr el agua al lavarse o fregar son pequeñas acciones que podemos hacer día a día para no perder esos 12 litros de agua por minuto que suponen tener simplemente el grifo abierto.

- **Reciclar:** dar una segunda vida a los materiales de los residuos, separándolos en casa y dejándolos en el contenedor adecuado para su posterior tratamiento y reciclado. Reintroducir estos materiales que consideramos residuos en el proceso de producción nos ayudará a disminuir la cantidad de materias primas que necesitamos, evitando el agotamiento de recursos.

- **Reutilizar:** antes de reciclar los residuos, darles otro uso. Volver a utilizar las cosas para ese mismo fin u otro diferente al que fueron creados y alargar la vida útil de los productos.

- **Recuperar:** aprovechar los objetos que ya se tienen y volver a darles valor en vez de comprar nuevos, o bien comprar objetos de segunda mano para darles otro uso.

- **Rechazar:** decir no a los objetos contaminantes o que no necesitemos y buscar otras alternativas más sostenibles.

- **Reparar:** dar una segunda oportunidad a los objetos y tratar de arreglarlos antes de comprar uno nuevo. Tratar de hacer los cambios necesarios en un objeto para que vuelva a desarrollar esa función para la que se creó.

- **Renovar:** cambiar los hábitos con alto impacto medioambiental por otros más sostenibles, así como actualizar las cosas antiguas o ya usadas para que puedan volver a ser útiles. En cierto modo, es como el concepto de segunda mano, pero dentro de nuestra propia casa.

- **Repensar:** cuestionar los productos y las acciones cotidianas pensando en sus consecuencias para el desarrollo sostenible y el planeta. Debemos conocer nuestra manera de influir sobre el medio y actuar con responsabilidad, conociendo las consecuencias de nuestros actos.

- **Reclamar:** alzar la voz contra las injusticias y pedir implicaciones y acciones de los gobiernos y las comunidades.

- **Respetar:** aceptar que existen otras alternativas y formas de tratar los productos y comparar la información recibida teniendo un criterio medioambiental basado en las evidencias científicas. Tratemos de reconocer nuestro valor como personas dentro de un ecosistema y del medio ambiente, como parte del planeta y respetando el cuidado de los recursos naturales de los que disponemos.

MOVIMIENTO *ZERO WASTE*

El movimiento *Zero Waste* (residuo cero) se centra en evitar todo lo posible la generación de residuos y tratar de manera sostenible aquellos que no se pueden generar. Además de las 3R (Reciclar, Reducir y Reutilizar), este movimiento añade otros dos pasos para lograr que nuestro residuo sea todavía menor: Rechazar y Compostar (*Rot,* en inglés).

La acción individual es el centro de este movimiento, debiendo en primer lugar rechazar directamente aquellos productos que promuevan una filosofía de usar y tirar, que solo tengan un solo uso, o que provengan de compañías o empresas especialmente contaminantes. Además, incluye el compostaje como un último paso para convertir los residuos orgánicos en abono para plantas.

Proponemos algunas ideas para incorporar a nuestro estilo de vida reduciendo la cantidad de residuos que generamos.

Utilizar servilletas y pañuelos de tela

Emplear vinagre y agua para limpiar

Usar recipientes de vidrio o acero inoxidable para guardar la comida

LLevar bolsa de tela para hacer la compra

Consumir más alimentos naturales que procesados

Comprar productos en comercios locales

Reutilizar objetos o comprar de segunda mano

Comprar solo lo necesario

Utilizar pajitas de bambú o de acero inoxidable

Utilizar potabocadillos en vez de papel film o de aluminio

Cambiar los cubiertos de plástico por bambú o madera

Reciclar los restos orgánicos de la basura para hacer compost

LA PERSPECTIVA DE GÉNERO PARA ABORDAR LA CRISIS DEL CAMBIO CLIMÁTICO

El cambio climático es una gran amenaza para la paz y la seguridad de todas las personas, pero no afecta a todas por igual. Como ya hemos visto, es un fenómeno que tiene un mayor impacto en los sectores, países y personas más vulnerables y, en concreto, entre sociedades que dependen de los recursos naturales para sobrevivir o que tienen menor capacidad de adaptación y respuesta ante peligros y desastres naturales. Es importante aplicar esta perspectiva social al cambio climático y la desigualdad de género también se ve influida e incluida.

Terminar con cualquier forma de discriminación contra mujeres y niñas es, además de un derecho humano, necesario para alcanzar un desarrollo sostenible a nivel mundial. Para conseguir paliar los efectos del cambio climático y realizar una transición a un modelo más sostenible es completamente necesario que el sistema sea socialmente más justo, apoyándose en los derechos humanos y asumiendo pautas de responsabilidad medioambiental.

Las desigualdades de género se manifiestan en todas y cada una de las dimensiones del desarrollo sostenible: pobreza, salud, educación, agua, saneamiento, empleo, degradación ambiental, paz, cambio climático… Por ello, desde la ONU se propone medir su estado y realizar un seguimiento fiable a través de diferentes indicadores de los ODS (*véase* La Agenda 2030: no dejar a nadie atrás, pág. 90).

Concretamente, la relación entre cambio climático y género, no se apoya en que las consecuencias del cambio climático provoquen directamente desigualdades de género, sino que reconoce que estos conceptos están relacionados según el contexto ambiental, económico, sociocultural y político donde se desarrollen. De esta manera, las desigualdades de género establecen desigualdades frente a la vulnerabilidad ante el cambio climático. Incluir el enfoque de género en el análisis del cambio climático nos lleva a comprender mejor de qué manera hombres y mujeres tienen diferentes papeles, responsabilidades y niveles de participación en la toma de decisiones.

Dentro del ecologismo (*véase* Movimientos sociales globales, pág. 156) surge el ecofeminismo, una vertiente que aúna el ecologismo y el feminismo, apuntando a la idea de que existe una relación entre la subordinación de la mujer frente al hombre y la explotación del mundo natural, igualando la superioridad que el hombre siente frente a la naturaleza para su explotación y degradación a la que siente frente a la mujer. A su vez, defienden que la mujer tiene mucho más contacto con la naturaleza y con la conciencia sobre el planeta y la gestión de recursos.

No se trata de restarle importancia al hombre, ya que como ser humano también es altamente vulnerable a los desastres climáticos, sino de hacerle partícipe de este proceso y demostrar que las mujeres ineludiblemente forman parte de la solución y la lucha.

La relación entre el género y el cambio climático se puede abordar desde diferentes perspectivas:

- **El cambio climático afecta de forma diferente a mujeres y hombres.**
La construcción social del rol de las mujeres, asociada al espacio doméstico y al cuidado familiar, las hace más vulnerables al cambio climático. De acuerdo con la FAO, las mujeres en las regiones rurales de países en vías de desarrollo hacen contribuciones fundamentales a la economía local como proveedoras de alimentos mediante la agricultura y la cría de ganado y dependen de los recursos naturales, por lo que son las primeras en recibir los impactos del cambio climático.

CIFRAS DE GÉNERO Y CAMBIO CLIMÁTICO

- Solo el 13 % de los propietarios de tierras son mujeres.

- La representación de las mujeres en los parlamentos nacionales es del 23,7 %.

- El 80 % de las personas refugiadas climáticas son mujeres.

- Las mujeres y las niñas son las encargadas de recolectar agua en el 80 % de los hogares sin acceso a agua corriente.

- En todos los países, las mujeres tienen mayor probabilidad que los hombres de vivir con menos del 50 % de los ingresos medios.

- Solo un 33 % de los compromisos de los países sobre reducción de emisiones que han sido presentados ante Naciones Unidas contempla la perspectiva de género.

Datos oficiales del Programa de las Naciones Unidas para el Desarrollo de las Naciones Unidas.

En el caso de los desastres naturales, frente a esta situación aumenta el riesgo de que las familias utilicen a las niñas de diferentes formas para encontrar medios de subsistencia, como ser forzadas a casarse, a realizar trabajos domésticos o a la prostitución. En este contexto, más niñas que niños dejan la escuela tras un desastre natural y pocas vuelven a ella.

- **Mujeres y hombres contribuyen de manera diferente a originar las causas del cambio climático.**
Las huellas ecológicas individuales (*véase* Las huellas que dejan nuestros pasos, pág. 108) son resultado de una distribución de roles de género y de responsabilidades e identidades específicas. Como hemos visto antes, las mujeres dependen más de los recursos naturales y por lo tanto demuestran mayor responsabilidad en su relación con ellos.

Además, actividades asociadas al rol de las mujeres como cuidadoras, su nivel individual de consumo de energía es muy diferente al del hombre que, por ejemplo, desarrolla su vida productiva generalmente fuera del hogar.

- **Frente al cambio climático, mujeres y hombres responden de diferente manera.**
La participación en la toma de decisiones y la implantación de políticas afecta de manera diferente a mujeres y hombres según los roles de género dentro de la sociedad. Las cifras tan bajas en cuanto a los poderes y los estatus sociales de las mujeres en la política a nivel internacional reflejan cómo se asignan los poderes de manera desigual.

Empoderar a mujeres y niñas tiene un efecto multiplicador y ayuda a promover el crecimiento económico mundial. A pesar de que actualmente hay más mujeres que nunca en el mercado laboral, todavía hay grandes desigualdades en algunas regiones, como negar que mujeres y hombres tienen los mismos derechos laborales. A día de hoy persisten, además de la violencia y la explotación sexual, grandes desigualdades como el trabajo no remunerado (por ejemplo, en la red de cuidados) y la discriminación en la toma de decisiones en el ámbito público. Esto provoca grandes obstáculos para que mujeres y niñas participen de manera activa en la toma de decisiones.

LAS ACTIVISTAS AMBIENTALES MÁS INFLUYENTES DEL MUNDO

Jane Goodall

La famosa primatóloga no ha parado de investigar y de dar a conocer el mundo de los chimpancés desde que tenía 23 años, cuando viajó a Kenia para trabajar con el antropólogo Lois Leakey. En el año 1977 creó el Instituto Jane Gooddall, una organización sin ánimo de lucro que promueve numerosos proyectos de conservación de las poblaciones locales de simios, y otros relacionados con la seguridad alimentaria, la educación ambiental y el reciclaje.

Greta Thunberg

La adolescente nacida en 2003 comenzó en solitario una huelga escolar en 2018, poco antes de las elecciones de su país, Suecia. Se manifestaba todos los días sentándose frente al Parlamento con la pancarta «En huelga por el clima». Inspiró a *Fridays for Future*, un movimiento global de miles de jóvenes que siguen su ejemplo y se manifiestan cada viernes contra del cambio climático.

Rachel Carson (1907-1964)

Dedicó su vida a la biología marina. Publicó el best seller *Primavera silenciosa* en el que alertó sobre el peligro del uso del insecticida. Creó la Agencia de Protección Ambiental de Estados Unidos que prohibió el uso del pesticida como el DDT. Se considera que ayudó a crear una concienciación mundial sobre los efectos de la acción humana en el medio ambiente con productos químicos.

Wangari Maathai

Activista y bióloga keniata del famoso Movimiento Cinturón Verde, un proyecto gracias al cual se plantaron miles de arboles en el país, de ahí que la apodasen «Mujer Árbol». Su defensa del desarrollo sostenible le hizo ganar el Premio Nobel de la Paz en 2004.

Lois Gibbs

En 1978, descubrió estudiando los desechos químicos del vecindario que la escuela de sus hijos, los cuales presentaban numerosas enfermedades, estaba construida sobre un vertedero de productos tóxicos. Organizó y lideró una serie de movilizaciones y protestas con las que evacuó a 800 familias. Fundó el Centro de Salud, Medio Ambiente y Justicia para investigar el movimiento ambiental y recibió el Premio Godman de Medio Ambiente.

Vandana Shiva

Es una de las figuras más famosas del ecofeminismo. Dedicó su vida a la agricultura ecológica, a proteger la biodiversidad, a a promover el compromiso con la causa ecologista, contra la industria alimentaria y los alimentos transgénicos.

Berta Cáceres

Ecologista, feminista y defensora de los derechos de los indígenas, fundó COPINH, referente del movimiento popular del departamento de Intibucá, la lucha de la defensa del medio ambiente para concienciar sobre el respeto a la naturaleza y los derechos de los indígenas. Fue asesinada en medio de la lucha contra el Proyecto Hidroelétrico «Agua Zasca».

Sheila Watt-Cloutier

Ofrece un modelo para el liderazgo del siglo XXI con el medio ambiente como una de las principales preocupaciones gubernamentales. Fue presidenta del Consejo Circupolar Inuit y Presidenta Internacional de la CPI. En 2007, estuvo nominada al Premio Nobel de la Paz.

MOVIMIENTOS SOCIALES GLOBALES

Un movimiento social es un grupo de personas que quieren producir un cambio en la sociedad, es decir, una acción colectiva que va más allá de las instituciones y que desean cambiar el mundo. El movimiento ecologista o ambiental es un alzamiento de un grupo muy diverso de personas preocupadas por la crisis ambiental y nuestra forma de perjudicar al planeta. Si su objetivo es recuperar el estado de salud del planeta y beneficiar a todo el mundo, ¿por qué a veces tiene una mala visión pública?

Una serie de catástrofes ambientales provocadas por accidentes o negligencias de la sociedad durante los años 50 avivaron la sensibilización de la sociedad frente al daño que el ser humano estaba realizando sobre el medio ambiente. Hasta entonces, la sociedad crecía a base de utilizar los recursos naturales sin pensar en sus consecuencias, creyendo que el planeta disponía de materia suficiente para durar años y que nuestro paso por ella tendría consecuencias, si las tuviera, a largo plazo.

Los movimientos ecologistas surgen desde esa misma sociedad para llamar la atención de un comportamiento colectivo dañino para el medio ambiente, alertando de que nuestro modo de vida, sin tener en cuenta las consecuencias de nuestros actos sobre el medio ambiente, nos llevaría a un planeta destruido y sin recursos.

El libro *Primavera Silenciosa*, escrito por la bióloga Rachel Carson y publicado en 1962, fue una de las primeras obras que alertaban de los efectos del uso de pesticidas. Su trabajo ayudó a percatarnos de la influencia de la actividad humana en el planeta y aumentó el interés por el medio ambiente.

Durante las siguientes décadas comenzaron a surgir plataformas y grupos activistas organizados, como la ONG WWF (*The World Wide Fund for Nature*) en 1961, Greenpeace en 1971 o Amigos de la Tierra en 1979. En los últimos años, la lucha contra el cambio climático ha tenido un nuevo impulso global desde la ciudadanía y, sobre todo, por la juventud, como el ejemplo de Greta Thunberg con *Fridays For Future*. Todas estas plataformas son de carácter global y cada una lucha de una manera concreta por una serie de temáticas medioambientales, todas ellas relacionadas con el cambio climático y la protección del medio. También existen plataformas locales y de comunidades que tratan de actuar en lugares concretos donde se desarrolla una problemática específica, como la deforestación del Amazonas o el movimiento antinuclear.

Este es uno de los problemas asociados comúnmente a los movimientos ecologistas: la pluralidad de temáticas sobre los que se trata de actuar y la diversidad de fuentes y causas abiertas. La diversidad y dispersión del movimiento ecologista, o bien la generalización, es fuente común de desacuerdo entre la sociedad.

El movimiento ecologista también se ha asociado con diversas ideologías, como el anticapitalismo o el ecosocialismo, que defienden que el capitalismo es un sistema dañino para el medio ambiente. También ha sido un movimiento que ha llegado a términos extremistas, como el ecoterrorismo, definido como el uso de prácticas terroristas en apoyo a las causas ambientales a través de la violencia y debe ser tratado como violencia contra la propiedad. Este término se acuñó por el FBI cuando el Frente de Liberación Animal (ALF) y el Frente de Liberación de la Tierra (ELF) en el año 2002 realizaron acciones de sabotaje y atentados contra el abuso y explotación animal para la investigación en Estados Unidos. No debe confundirse con el terrorismo ambiental, que se asocia a acciones realizadas para perjudicar el medio ambiente, como vertidos o la destrucción del ecosistema.

Lamentablemente, la lucha ecologista también ha llevado al asesinato de sindicalistas pacíficos. La ONG Global Witness desarrolla estudios sobre las muertes de las personas defensoras de la tierra y el medio ambiente asesinadas en un año. Estos informes resaltan que muchas de estas víctimas son personas comunes que se oponen al destrozo y venta de sus tierras y son obligadas a desplazarse. El triste récord de asesinatos se cumplió en 2019 con 212 homicidios en ese año a consecuencia de la defensa de sus hogares y querer detener la destrucción del planeta. América Latina encabeza este macabro ranking de asesinatos.

No debemos olvidar que el planeta no entiende de banderas ni de ideales. La lucha por preservar la naturaleza debe ser un movimiento conjunto y común que traspase barreras para conseguir un futuro sostenible. El papel de la sociedad civil en democracia debe ser establecer un tejido de diálogo y alianzas sin pensar en fronteras físicas ni de pensamiento, sino fortaleciendo la lucha común de preservar el medio ambiente y el planeta en el que vivimos.

ALGUNAS ONG AMBIENTALES

Amigos de la Tierra

Dió sus primeros pasos en 1969 en Estados Unidos, pero se constituyó como tal en 1971, cuando varios grupos ecologistas de Francia, Gran Bretaña y Suecia crearon la federación Amigos de la Tierra Internacional. Su ideario es combatir el modelo actual de globalización económica y corporativa, fomentando un cambio local y global hacia una sociedad respetuosa con el medio ambiente, más justa y solidaria.

Greenpeace

Se fundó en 1971 y es el movimiento ecologista más famoso del mundo. Opera en 40 países, donde se complementa con organizaciones autónomas locales. Tiene como objetivo identificar las actividades humanas que afectan al equilibrio ecológico y emprenden campañas en defensa del medio ambiente de la Antártida, orientando el establecimiento de un «parque internacional» en el continente.

WWF (World Wildlife Fund)

Es el movimiento ecologista más grande y antiguo del mundo, ya que se fundó en 1961, tiene una red mundial de 27 organizaciones nacionales y actúa en 100 países. Sus principales actividades están encaminadas a conservar la diversidad biológica, reducir la contaminación y garantizar el uso sostenible de los recursos naturales.

BirdLife International

Integrada por 113 entidades nacionales y con sede en 135 países, es la mayor coalición de organizaciones de conservación del mundo, Las organizaciones que componen BirdLife International son una coalición dedicada a la conservación de las aves, sus hábitats y la biodiversidad trabajando sobre el terreno para conseguir una forma más sostenible de manejar los recursos naturales.

POBREZA Y JUSTICIA CLIMÁTICA: EL IMPACTO DESIGUAL DE LA CRISIS CLIMÁTICA

La crisis climática está provocando un caos a nivel mundial, pero afecta especialmente a las personas más vulnerables. Entre ellas, los sectores más pobres son los que pagan el precio más alto. Además de agravar la pobreza, el cambio climático genera movimientos de población creando refugiados climáticos y aumenta la competencia por los recursos. Los efectos del cambio global están acentuando las desigualdades entre ricos y pobres.

Las personas más pobres y vulnerables a los efectos del cambio climático son sin embargo las que menos lo agravan y, por desgracia, las que tienen menor capacidad de protegerse de sus consecuencias. Esto es otra muestra clara de la división Norte Sur, que se utiliza para hacer referencia a la división social, económica y política que existe entre los países del Norte global y los que se encuentran al Sur del ecuador. Las causas de esta división son complejas y este término suele ser objeto de debate, pero basta echar un vistazo para darse cuenta o llegar a una conclusión clara: hay una diferencia en muchos sentidos entre estos países.

La mayor parte de los países más pobres del mundo se encuentran en zonas ecuatoriales, caracterizados por tener temperaturas elevadas y alta frecuencia de fenómenos climáticos extremos. Cuanto más aumenta esta frecuencia (*véase* Fenómenos climáticos extremos, pág. 26), su capacidad de resiliencia se ve disminuida y su situación de pobreza se va agravando aún más, entrando en una espiral de decadencia y hambruna. Por lo tanto, los países pobres son más vulnerables frente a fenómenos meteorológicos extremos o frente a las consecuencias del cambio climático por la escasez de recursos económicos, por la insuficiencia de técnicas o por la debilidad de sus infraestructuras.

Las personas que viven directamente de los recursos naturales, como la agricultura o la ganadería, se ven también más vulnerables por ser áreas más

Mapa mundial representativo de la mortalidad derivada del cambio climático donde se observa la deformación de los continentes más afectados como África. Fuente: Climate Change and Global Health: Quantifying a Growing Ethical Crisis, 2007, Jonaathan A. Patz, Holly K. Gibbs, Jonathan A. Foley; Jamesine V. Rogers, and Kirk R. Smith

expuestas. Ante un fenómeno meteorológico extremo, no solo se quedan sin su fuente de ingresos y supervivencia, sino que carecen de ahorros o de seguros que les permitan recuperarse tras un desastre natural.

Es necesario adoptar medidas de adaptación a los efectos del cambio climático destinadas a los países más pobres, como la instalación de sistemas de alerta temprana ante catástrofes naturales que permita tener una previsión de qué y cuándo va a ocurrir algo para poner remedio antes de que suceda. De esta manera se mejorará la calidad de vida de las personas y su capacidad de respuesta ante las consecuencias del cambio climático. Este tipo de medidas, como la construcción de albergues de bambú como lugar de refugio frente a las inundaciones en el Ganges (India), son relativamente sencillas y requieren una inversión económica baja, pero su financiación escasea, siendo el fondo de adaptación al cambio climático de las Naciones Unidas quien se encarga muchas veces. Este fondo internacional financia proyectos y programas para ayudar a países en desarrollo a adaptarse a los efectos nocivos del calentamiento mundial.

El esfuerzo para disminuir estas diferencias no solo radica en la adaptación de algunos países y personas más vulnerables, sino en mantener el equilibrio y desarrollar buenas prácticas que conlleven consecuencias globales, como la disminución de las emisiones de gases de efecto invernadero y el uso responsable y sostenible de los recursos. El esfuerzo común de todos los países es necesario y la cooperación implica necesariamente que los más ricos aporten más para lograr el equilibrio justo.

LAS CIFRAS DE LA POBREZA CLIMÁTICA

- Los desastres climáticos se han triplicado en 30 años.
  Para la década de 2030, grandes zonas de África meridional y oriental, del cuerno de África y de Asia meridional y oriental experimentarán un mayor riesgo de sequías, inundaciones y tormentas tropicales.

- Los desastres climáticos han provocado el desplazamiento obligatorio de más de 20 millones de personas.
  Cerca del 80 % del total de personas desplazadas durante la última década residen en Asia. La región alberga casi el 60 % de la población mundial.

- El 10 % más rico de la población mundial es responsable de casi la mitad de las emisiones globales de carbono.

- La mitad más pobre de la población mundial (3 500 millones de personas) es responsable de tan solo un 10 %.